物联网
鸿蒙系统App开发

郑强　余兰亭　孙小东　魏宫臣◎著

清华大学出版社

北　京

内 容 简 介

本书结合实例，详细讲解了鸿蒙系统App开发，内容包括鸿蒙系统简介、搭载鸿蒙App开发环境、创建第一个鸿蒙App、用户界面布局开发、常用UI组件开发、鸿蒙页面及数据服务开发、日志、事件与通知、权限与安全、数据存储管理等。

本书适合从事手机、平板电脑、智能电视、物联网设备开发的程序员阅读，也可供大中专院校及培训机构的老师和学生阅读参考。

本书封面贴有清华大学出版社防伪标签，无标签者不得销售。
版权所有，侵权必究。举报：010-62782989，beiqinquan@tup.tsinghua.edu.cn。

图书在版编目（CIP）数据

物联网鸿蒙系统App开发 / 郑强等著. —北京：清华大学出版社，2022.8(2023.11重印)
ISBN 978-7-302-61162-2

Ⅰ.①物… Ⅱ.①郑… Ⅲ.①物联网②移动终端－应用程序－程序设计 Ⅳ.①TP393.4②TP18③TN929.53

中国版本图书馆CIP数据核字(2022)第110456号

责任编辑：杜　杨
封面设计：郭　鹏
责任校对：胡伟民
责任印制：曹婉颖

出版发行：清华大学出版社
　　网　　址：https://www.tup.com.cn，https://www.wqxuetang.com
　　地　　址：北京清华大学学研大厦A座　　　　邮　编：100084
　　社 总 机：010-83470000　　　　　　　　　邮　购：010-62786544
　　投稿与读者服务：010-62795954，jsjjc@tup.tsinghua.edu.cn
　　质 量 反 馈：010-62772015，zhiliang@tup.tsinghua.edu.cn
印 装 者：涿州市般润文化传播有限公司
经　　销：全国新华书店
开　　本：185mm×260mm　　　印　张：21.5　　　字　数：525千字
版　　次：2022年10月第1版　　　印　次：2023年11月第2次印刷
定　　价：86.00元

产品编号：094429-01

前言

互联网以及物联网技术发展一日千里，智能终端开发技术也不例外，这些年 Android、iOS 开发需求急剧增多，使移动互联网得到了迅速发展。物联网作为科技进步的新动力，将会产生比移动互联网更大的经济价值。业界一直期待有一套针对物联网开发的技术栈出现，终于在 2021 年，鸿蒙系统开始大规模商用，预示着物联网技术开始快速走向成长期，我们终于有机会在操作系统领域领先世界了。

鸿蒙和 iOS 一样，都是致力于万物互联的操作系统。iOS 是基于 UNIX 的，是闭源系统；鸿蒙是基于 Linux 的，是开源系统。开源给了我们更多的想象力，这种以开源为中心的商业模式会带动国内外物联网技术高速发展，同时也会促进生态及产业链的蓬勃发展。

作为新一代物联网操作系统，鸿蒙不仅可以应用在手机上，汽车、家电、手表、眼镜、AR/VR 设备等都可以使用鸿蒙系统。物联网将以我们肉眼可见的速度发展，目前国内外掌握鸿蒙开发技术的人员相对较少，我们相信，你的加入会让这个行业生气勃勃，充满无限的想象力。新的物联时代正在到来，鸿蒙系统能催生出更多的应用场景，让我们一起见证鸿蒙的魅力吧。

如何阅读本书

本书既是教程，又是参考指南。如果读者刚刚接触鸿蒙 App 开发，按照本书的章节顺序学习定会有所收获。本书提供了大量的实例代码，读者可以自行运行以巩固对相关概念的理解。

本书共 15 章，每章的内容简单介绍如下：

第 1 章主要介绍了什么是鸿蒙系统，包括鸿蒙的发展历史、系统特点等。

第 2 章主要介绍了鸿蒙 App 开发环境的安装及配置。

第 3 章主要介绍了怎么创建第一个鸿蒙 App，并在真机上运行调试。

第 4 章主要介绍了几种用户界面布局，并用丰富的案例讲解了这些布局的实现，通过布局可以实现很多界面效果。

第 5 章主要介绍了常用 UI 组件的开发，包括按钮、文本框、日期选择组件等，掌握这些组件，可以构造出大多数交互界面。

第 6 章主要介绍了鸿蒙的页面及数据服务，包括页面之间的跳转、页面的生命周期、数据存储能力等。

第 7 章主要介绍了鸿蒙的日志系统，包括日志的等级定义、格式定义、日志的查看等。

第 8 章主要介绍了鸿蒙的事件与通知，包括事件的定义，以及各种事件和通知的发送及接收处理。

第 9 章主要介绍了鸿蒙的权限与安全，包括权限概述、权限分类、权限申请及开发流程。

第 10 章主要介绍了鸿蒙的数据存储管理，包括偏好数据的创建、查询、删除等。

第 11 章主要介绍了鸿蒙的关系型数据存储技术，包括 ORM 框架、数据的增删改查、数据的备份与恢复等。

第 12 章主要介绍了鸿蒙的分布式数据存储管理技术，包括分布式存储的定义、架构、操作方法等。

第 13 章主要介绍了鸿蒙的分布式应用开发，包括分布式应用的使用场景、分布式软总线，以及分布式应用开发的细节。

第 14 章主要介绍了鸿蒙相机的开发，包括预览、拍照、连拍、切换镜头、摄像等功能。

第 15 章主要介绍了鸿蒙系统的设计规范，包括规范概述、导航设计原则、人机交互原则等。

读者对象

本书在编写过程中，尽可能做到通俗易懂，由浅入深，不仅适用于初学者学习，也适用于专业人员学习。学习本书之前最好有 Java 基础，本书的案例大多是使用 Java 开发的，本书不会讲解 Java 相关的知识。

本书的读者对象为：
- 从事手机、平板电脑、智能电视、物联网设备开发的程序员；
- 鸿蒙系统爱好者、鸿蒙 App 开发的初学者；
- 大中专院校及培训机构的老师和学生。

代码下载

本书的每一个实例都提供了代码，方便读者学习。大部分代码都有注释以方便理解，也会对难点代码进行解释。

可以扫码下载本书代码，如果有版本兼容问题，我们将第一时间更新。

本书代码

读者交流与图书反馈

本书的读者还可以访问鸿蒙专栏补充学习。该专栏搭建了一个供鸿蒙开发者交流学习的在线平台，阅读过程中如有疑问，也可以在网站上向作者提问，期待能够得到你们的真挚反馈。

由于作者水平有限，编写时间仓促，书中难免会出现一些错误或表达不准确的地方，恳请读者批评指正。我们也会将书中的错误发布在专栏中，供大家参考。

交流平台

致谢

感谢我的家人，没有你们的帮助和理解，这本书不可能完成。感谢清华大学出版社的编辑，因为你们的帮助，这本书才得以问世。最后要感谢的就是你，我亲爱的读者，感谢你拿起这本书，你的认可就是我最大的快乐。

编者

2022 年 5 月

作者简介

郑强

计算机软件与理论专业硕士。长期从事智能终端App、工业互联网平台、大数据系统研发。科技部工业网络化协同生产智能管控平台开发及应用项目课题四任务二负责人，国家课题工业互联网标识解析二级节点（冶金行业）技术组成员，2021年工业互联网创新发展工程基于新一代信息技术的工业实时数据库合作单位负责人。作为架构师参与了多个冶金行业亿级软件项目的架构工作，热爱技术，乐于交流。

余兰亭

数字媒体艺术硕士，副教授。主要教授课程有"手机UI与交互设计""MG动画设计"等。参研国家社科基金2项，主持重庆市"十三五"规划课题1项，参研重庆市人文社科、教改等课题共4项，独著专著1本，独编/第一主编教材5本，公开发表论文10余篇，成功申请国家专利4项。

孙小东

计算机科学与技术专业学士，高级工程师。长期从事物联网、大数据的技术研究与系统开发工作，具有15年的钢铁智能制造经验。钢铁冶金网络化协同制造重庆市重点实验室主任，中国钢铁工业协会智能化制造专家，重庆市工业软件应用发展协会技术专家，获中国工业互联网大赛一等奖、中国自动化学会杰出工程师等多个奖项。授权发明专利13件、软件著作权52项，发表论文7篇，参编标准4部。

魏宫臣

毕业后深耕于Android领域，具有7年Android开发经验，曾担任平台型应用Android端技术负责人，工作内容涉及组件化、工程化、应用架构、业务开发等。目前从事C端产品系统架构工作。参与过客户端、前端、后端开发及架构、运维工作。在多进程通信、多线程并发方面有丰富经验，对Android、鸿蒙开发、Kotlin及Taro跨平台开发都拥有丰富的经验。

目录

第1章 鸿蒙系统简介

1.1 智能手机操作系统 / 2
    1.1.1 智能手机操作系统发展历史 / 2
    1.1.2 智能手机操作系统的开放与封闭之争 / 2
1.2 鸿蒙系统的发展历史 / 4
    1.2.1 鸿蒙系统 1.0 介绍 / 5
    1.2.2 鸿蒙系统 2.0 介绍 / 5
    1.2.3 鸿蒙系统与物联网 / 5
1.3 鸿蒙系统的特点 / 6
    1.3.1 内核特点简介 / 8
    1.3.2 鸿蒙系统分布式技术特性 / 9
1.4 鸿蒙系统的分层架构 / 12
    1.4.1 内核层 / 12
    1.4.2 系统服务层 / 13
    1.4.3 框架层 / 13
    1.4.4 应用层 / 13
1.5 小结 / 13

第2章 搭载鸿蒙 App 开发环境

2.1 开发环境简介 / 16
2.2 安装 DevEco Studio / 18
    2.2.1 macOS 系统中安装 DevEco Studio / 18
    2.2.2 Windows 系统中安装 DevEco Studio / 19
2.3 配置 DevEco Studio / 22
2.4 小结 / 26

第3章 创建第一个鸿蒙 App

3.1 第一个应用实现的目标 / 28
3.2 注册华为开发者账号并在模拟器上运行 / 31
3.3 使用真机运行程序 / 38
    3.3.1 使用 DevEco Studio 生成证书请求文件 / 38

3.3.2 申请应用调试证书和设备
注册 / 40
3.3.3 申请项目和应用 / 43
3.3.4 在开发环境中配置相关信息 / 46
3.3.5 运行程序 / 47
3.4 小结 / 47

第 4 章
用户界面布局开发

4.1 什么是布局 / 49
  4.1.1 布局的分类 / 49
  4.1.2 布局的通用参数 / 49
4.2 布局的程序框架 / 50
4.3 方向布局（DirectionalLayout） / 55
4.4 依赖布局（DependentLayout） / 58
4.5 堆栈布局（StackLayout） / 62
4.6 表格布局（TableLayout） / 65
4.7 位置布局（PositionLayout） / 67
4.8 自适应盒子布局
（AdaptiveBoxLayout） / 69
4.9 小结 / 72

第 5 章
常用 UI 组件开发

5.1 文本标签（Text）组件 / 74
  5.1.1 id 属性 / 79
  5.1.2 设置背景 / 79
  5.1.3 为 Text 设置单击事件 / 80
5.2 按钮（Button）组件 / 81
5.3 样式如何美化 / 84
5.4 文本框（TextField）组件 / 94
5.5 日期选择（DatePicker）组件 / 96
5.6 开关（Switch）组件 / 97
5.7 复选框（Checkbox）组件 / 100
5.8 对话框（Dialog）组件 / 102
  5.8.1 ToastDialog / 102
  5.8.2 PopupDialog / 103
  5.8.3 CommonDialog / 104
  5.8.4 ListDialog / 105
5.9 进度条（Slider）组件 / 106
5.10 列表容器（ListContainer）
组件 / 108
5.11 小结 / 113

第 6 章
鸿蒙页面及数据服务开发

6.1 Ability 的分类 / 115
6.2 有页面的 Feature Ability / 115
  6.2.1 Ability 和 AbilitySlice 详解 / 116
  6.2.2 页面的跳转 / 118
6.3 意图对象（Intent） / 123
6.4 Page Ability 的生命周期 / 125
6.5 Page Ability 的生命周期案例 / 128
6.6 Data Ability 的使用 / 131
  6.6.1 URI 数据定位 / 132
  6.6.2 DataAbilityHelper 数据访问 / 132
  6.6.3 创建 DataAbilityHelper 实例 / 133
  6.6.4 定义界面 / 134
  6.6.5 数据查询 query 函数 / 135
  6.6.6 谓词 DataAbilityPredicates / 135

6.6.7 谓词 DataAbilityPredicates 的常用函数 / 136
6.6.8 DataAbilityPredicates 举例 / 137
6.6.9 向存储中插入数据 / 137
6.6.10 ValuesBucket / 138
6.6.11 向存储中批量插入数据 / 139
6.6.12 从存储中删除数据 / 140
6.6.13 update 函数 / 140
6.7 数据存取综合案例 / 141
6.7.1 申请权限 / 142
6.7.2 权限请求 / 143
6.7.3 writeToDisk 函数 / 145
6.8 小结 / 147

第 7 章 日志

7.1 鸿蒙系统中的日志 / 149
7.2 日志标签和日志等级 / 149
7.3 日志的格式化 / 150
7.4 日志的查看 / 151
7.5 日志编程实例 / 152
7.6 使用日志的常见错误 / 156
7.7 小结 / 157

第 8 章 事件与通知

8.1 什么是事件 / 159
8.2 公共事件案例 / 160
    8.2.1 公共事件案例界面功能 / 160
    8.2.2 为界面按钮设置监听函数 / 162
    8.2.3 自定义事件类 / 165
    8.2.4 发布无序事件 / 166
    8.2.5 发布权限事件 / 167
    8.2.6 发布有序事件 / 168
    8.2.7 发布粘合事件 / 169
    8.2.8 订阅事件 / 170
    8.2.9 事件接收器类 / 171
    8.2.10 自定义事件器 / 172
    8.2.11 取消事件订阅 / 172
8.3 通知的类型 / 173
    8.3.1 通知实例 / 174
    8.3.2 定义通知槽 / 176
    8.3.3 设置文本通知 / 177
    8.3.4 发送高级文本通知 / 179
8.4 取消单个通知 / 182
8.5 取消所有通知 / 182
8.6 小结 / 183

第 9 章 权限与安全

9.1 权限概述 / 185
    9.1.1 鸿蒙系统为什么需要权限 / 185
    9.1.2 权限的沙盒原理 / 185
9.2 权限的分类 / 185
    9.2.1 敏感与非敏感权限 / 187
    9.2.2 鸿蒙系统提供的敏感权限 / 187
    9.2.3 鸿蒙系统提供的非敏感权限 / 189

9.3 权限的申请流程 / 190
9.4 权限的开发 / 191
　9.4.1 权限的配置 config.json / 191
　9.4.2 权限申请程序基本框架 / 192
9.4.3 编写权限申请代码 / 196
9.4.4 权限申请处理函数 / 197
9.5 小结 / 198

第 10 章 数据存储管理

10.1 轻量级数据存储 / 200
10.2 DatabaseHelper 类 / 200
　10.2.1 创建数据库 / 201
　10.2.2 删除数据文件 / 201
　10.2.3 移动数据文件 / 202
10.3 Preferences 偏好数据库的使用 / 203
　10.3.1 getInt 查询整型数据 / 203
　10.3.2 插入数据到偏好文件中 / 204
　10.3.3 从偏好文件中删除数据 / 205
　10.3.4 观察数据变化 / 205
10.4 偏好文件存储实例 / 206
　10.4.1 定义页面布局 / 207
　10.4.2 界面按钮业务逻辑 / 211
　10.4.3 初始化数据库 / 212
　10.4.4 将数据写入偏好数据库中 / 213
　10.4.5 从偏好数据库中读数据 / 214
　10.4.6 删除偏好数据库中的数据 / 215
　10.4.7 查看 preferences 文件的内容 / 216
10.5 小结 / 216

第 11 章 关系型数据存储管理

11.1 SQLite 数据存储的存取 / 218
　11.1.1 创建一个数据库 / 218
　11.1.2 插入一个数据到数据库 / 219
　11.1.3 从数据库中请求数据 / 221
　11.1.4 OrmPredicates 查询谓词 / 222
　11.1.5 删除数据 / 223
　11.1.6 更新数据 / 223
　11.1.7 备份数据库 / 224
　11.1.8 恢复数据库 / 225
　11.1.9 删除数据库 / 225
　11.1.10 升级数据库 / 225
11.2 数据库操作案例 / 226
　11.2.1 定义页面布局 / 227
　11.2.2 定义数据库类和实体类 / 231
　11.2.3 初始化数据库 / 232
　11.2.4 插入一条数据 / 233
　11.2.5 更新一条数据 / 235
　11.2.6 删除一条数据 / 236
　11.2.7 查询数据 / 237
　11.2.8 备份数据库 / 239
　11.2.9 删除数据库 / 240
　11.2.10 恢复数据库 / 240
　11.2.11 升级数据库 / 242
11.3 小结 / 245

第 12 章 分布式数据存储管理

- 12.1 分布式数据存储管理介绍 / 247
  - 12.1.1 什么是分布式数据存储 / 247
  - 12.1.2 分布式数据存储的核心特征 / 247
  - 12.1.3 分布式数据存储的应用场景 / 248
- 12.2 分布式存储的架构 / 249
  - 12.2.1 分布式存储的运行架构 / 249
  - 12.2.2 分布式存储的总架构 / 250
  - 12.2.3 分布式数据库的数据模型 / 251
  - 12.2.4 数据库的同步模型 / 252
- 12.3 分布式数据库统一数据访问接口 / 254
  - 12.3.1 轻量级 KV 接口 / 254
  - 12.3.2 支持关系型语义的增强接口 / 257
- 12.4 分布式数据访问案例 / 258
  - 12.4.1 申请权限 / 258
  - 12.4.2 数据库的创建 / 260
  - 12.4.3 数据库的关闭和删除 / 261
  - 12.4.4 数据的增删查改 / 262
  - 12.4.5 数据同步 / 275
- 12.5 小结 / 276

第 13 章 分布式应用开发

- 13.1 鸿蒙分布式应用的使用场景 / 278
- 13.2 鸿蒙分布式系统架构 / 278
- 13.3 分布式软总线 / 279
  - 13.3.1 计算机硬件总线 / 279
  - 13.3.2 鸿蒙分布式软总线 / 280
  - 13.3.3 分布式软总线之发现连接 / 282
  - 13.3.4 分布式软总线之组网 / 282
  - 13.3.5 分布式软总线之传输 / 284
  - 13.3.6 极简协议 / 284
  - 13.3.7 软总线对开发者友好 / 285
- 13.4 分布式开发案例 / 286
  - 13.4.1 申请权限 / 287
  - 13.4.2 页面布局 / 289
  - 13.4.3 获取分布式设备 / 295
  - 13.4.4 页面迁移 / 296
  - 13.4.5 跨端迁移流程 / 301
  - 13.4.6 邮件数据处理 / 302
- 13.5 小结 / 303

第 14 章 多媒体开发

- 14.1 鸿蒙相机开发概述 / 305
- 14.2 相机开发案例 / 305
  - 14.2.1 获取权限 / 306
  - 14.2.2 相机界面 / 308
  - 14.2.3 创建相机设备 / 312
  - 14.2.4 配置相机设备 / 314
  - 14.2.5 启动预览 / 315
  - 14.2.6 实现拍照 / 316
  - 14.2.7 实现切换镜头 / 317
  - 14.2.8 实现摄像功能 / 318
- 14.3 小结 / 323

第 15 章
鸿蒙系统的设计规范

15.1 设计规范概述 / 325

15.2 应用的导航设计原则 / 325

15.3 人机交互 / 327

15.4 分布式设计原则 / 328

15.5 小结 / 329

第 1 章
鸿蒙系统简介

要了解一个新事物，就需要去追溯它的过去，去畅想它的未来。本书的主角是鸿蒙操作系统，对于这个国产操作系统、民族之光，我们有必要用一章的篇幅，从多个方面来详细讲解一下其特点，阐述我们对其的热爱及对未来的信心。

1.1 智能手机操作系统

1.1.1 智能手机操作系统发展历史

时代变迁，新技术替代旧技术是技术发展的趋势。我们所处的时代，技术正在发生翻天覆地的变化：新能源正在取代传统能源，电动汽车正在取代传统燃油车，5G 网络正在取代 4G 网络，新一代操作系统正在取代智能手机操作系统。这里所说的"新一代操作系统"，其实就是指的鸿蒙这样的万物互联系统。我们以智能手机操作系统的发展为例，慢慢引入对鸿蒙系统的讨论。

2007 年以前，以诺基亚为代表的功能手机还是全球手机的领导者，经典的板砖造型和开机铃声，让人记忆深刻。当时的操作系统还是 Series30/40 等功能机操作系统。

2007 年 1 月，iPhone 横空出世。由于诺基亚手机的应用程序比不上 iPhone 的应用程序，加上诺基亚的固执，所以其迅速被时代抛弃，全球市场份额快速衰减。

2008 年 9 月，Android 1.0 发布；此后的两年，Google 迅速发布了多个 Android 版本。智能手机操作系统以迅雷不及掩耳之势被 iOS 和 Android 两大系统占据。

在智能手机的竞争中，微软的发力较晚，直到 2010 年，微软才正式发布了 Windows Phone 7.0 系统。比 iOS 和 Android 足足落后了两年多。在这两年中，iOS 和 Android 羽翼已日渐丰满。毫无疑问，相比 Android 和 iOS，Windows Phone 是一个非常尴尬的存在。与 Android 相比，Windows Phone 的闭源路线无法战胜 Android 系统的开源路线。与 iOS 相比，在友好甚至惊艳的用户体验上，Windows Phone 从来都不是其对手。还有一点最为致命，就是生态，数以千万计的研发人员，不愿为了转入 Windows Phone 系统而熟悉一种新的开发方式。

2011 年初，诺基亚和微软同时发现了危机，两大巨头宣布合作，诺基亚官方宣布放弃塞班（Symbian）品牌，转而投入微软的怀抱，全面支持 Windows Phone 系统，不过为时已晚。Android 和 iOS 的生态已经发展起来，想要颠覆它们的生态系统，实在太难。多年后，2019 年 12 月，微软表示将暂停 Windows 10 Mobile 的更新，这意味着微软将放弃移动操作系统。作为份额仅占 0.1% 的手机操作系统，Windows Mobile 将彻底地退出历史舞台。

与此同时，2019 年 8 月 9 日，华为在东莞举行华为开发者大会，正式发布鸿蒙系统，鸿蒙时代慢慢开启。在介绍鸿蒙系统之前，我们来研究一下 Android 和 iOS 操作系统走过的路。

1.1.2 智能手机操作系统的开放与封闭之争

在智能手机操作系统发展的过程中，特别是 Android、iOS、Windows Phone 的竞争过程中，操作系统的开放与封闭问题非常值得思考。

"开放"与"封闭"本身是一对反义词，也代表着当今世界智能设备中举足轻重的两款操作系统的态度：Android 选择的是开放，iOS 选择的是封闭。由于这两个系统几乎是同时跨入智能手机这个风口的，所以无论是开放还是封闭，这两个操作系统都展现出了巨大的商业价值。目前其市场价值不分伯仲。

1．开放战略

开放即开放源代码，开放生态合作伙伴，开放应用商店等，Google 即选择了开放这条路。开放有以下一些优势：

- 商业风险低。开源软件的生命周期长，维护者多，不用担心开源软件的 bug 没人修改，而如果闭源，会担心闭源软件的公司倒闭。开源软件中的 bug 如果实在没人修改，那么自己修改即可。以 Android 为例，维护者有众多国际一线公司，首先是 Google 自身，其次有华为、高通、小米、Sony 等。对于 Android 来说，基本上都是大型的公司在共享代码，而个人贡献者相对较少，原因是担心出了问题，找不到个人贡献者来修改。由于基本上是国内外顶尖科技公司在贡献代码，所以其代码质量非常高。
- 开源软件能保证好的品质。相对于大多数闭源产品，开源产品的社区一般有众多免费的设计、编码、测试、维护人员，他们以满腔热血在工作，不计报酬。因为同一份代码被多个人阅读审查，所以一旦发现 bug，整个社区也会积极修复。
- 安全性相对更高。开源软件中一般很少有病毒，因为很少有人把病毒放在开源软件中，让成百上千的研发人员发现。同时，由于参与研发的人员多，能够更快地发现软件的安全性 bug。
- 成本低。开源社区集合了大量的软件开发者，很多开发者是不需要工资的，开源工作者都是默默地付出劳动成果，为理想而战。

2．封闭战略

封闭一般是指封闭源代码，即封闭部分接口和权限。例如，2014 年之前的 iOS 系统，是不允许安装第三方输入法的，对于在计算机上用惯了讯飞、搜狗输入法的人来说，iOS 自带的输入法使用起来确实不便，这就是封闭的坏处。但是封闭也是有好处的，例如，有几款输入法被 App Store 下架，就是因为其收集了大量用户文字输入信息，用于分析用户画像，提供给第三方电商平台，导致很多用户的数据被泄露，这就是开放导致的一些问题。

封闭有以下一些优势：

- 有助于保持品牌优势。一直以来，iOS 系统都是较为封闭的。iOS 系统只能用于自身的硬件中，其他厂商不能使用。这种封闭性，让 iOS 有更一致的体验，在很长一段时间内，iOS 的流畅度都远远高于 Android 系统，良好的用户体验对于树立品牌形象有很大的帮助。
- 满足核心需求。苹果只满足用户的核心需求，它找到一个卖点，以此聚集用户打造基础生态圈，再通过基础生态圈形成辐射影响，用户的体验和习惯是可以被影响和引导的。
- 安全性更高。众所周知，iOS 的病毒是少于 Android 的。这是因为 iOS 的应用是通过 App Store 审核的，苹果的审核是很严格的，要求很高，恶意或病毒程序是通不过审核的。

1.2 鸿蒙系统的发展历史

在华为"2012 诺亚方舟实验室"专家座谈会上，任正非提出要做终端操作系统，以防患于未然，要在"断了我们粮食的时候，备份系统要能用得上"，而这就是"鸿蒙"操作系统的起点。鸿蒙系统主要经历了以下几个发展阶段：

- 2012 年，华为开启了操作系统"B 计划"，开始规划自有操作系统"鸿蒙"，不被卡脖子是华为的重要战略。
- 2016 年 5 月，华为消费者 BG 软件部开始立项研发"分布式操作系统 1.0 版本"，这就是鸿蒙系统的雏形。
- 2017 年 5 月，华为消费者 BG 软件部研发完成"分布式操作系统 1.0 版本"，并开始研发 2.0 版本。
- 2018 年初，任正非听取华为消费者 BG 业务汇报时，非常认可自研操作系统。
- 2018 年 5 月，华为消费者 BG 投资委员会投票同意"分布式操作系统"的研发，"分布式操作系统"正式成为 BG 核心项目。
- 2019 年 5 月，经过三年研发，"分布式操作系统"已开始成熟，为了更好地推广，更名为"鸿蒙"。传说在盘古开天辟地之前，世界是一团混沌状，那个时代称作"鸿蒙时代"，后来该词也常被用来泛指远古时代。鸿蒙系统寓意着它将开启一个新的伟大的物联网系统时代。
- 2019 年 8 月，鸿蒙系统 1.0 发布。作为首批试点，荣耀智慧电视中搭载了该系统。同时，余承东表示，鸿蒙系统实行开源战略。
- 2020 年 9 月，鸿蒙系统 2.0 发布。该系统逐步开源，电视、手机、车机等设备可以使用鸿蒙系统。在小型设备领域，鸿蒙系统支持 128K 到 128MB 的设备，并首先对这些设备进行了开源。
- 2020 年 12 月，鸿蒙系统面向移动开发者，推出鸿蒙 Beta 版。
- 2021 年 4 月，鸿蒙系统扩大开源范围，向内存 128MB 到 4GB 的设备开源，华为 Mate X2 手机开始使用鸿蒙系统。
- 2021 年 10 月，鸿蒙系统计划向 4GB 内存以上的设备开源，手机厂商可以修改系统源代码以适应自己手机的特殊需求，这和 Android 走的是同一条路线。

到成书为止，鸿蒙系统已经发布了两个版本，分别是鸿蒙系统 1.0 和鸿蒙系统 2.0。下面对这两个版本做简要的介绍。

1.2.1 鸿蒙系统 1.0 介绍

2019 年 8 月 9 日,华为在东莞松山湖举行了一年一度的开发者大会,正式发布操作系统鸿蒙系统 1.0,发布会上宣布荣耀智慧屏、荣耀智慧屏 Pro 都搭载了鸿蒙系统。

鸿蒙系统是一款全场景分布式系统,可按需扩展,实现更广泛的系统安全,主要用于物联网,特点是低时延。分布式系统是一种面向未来的操作系统,华为定义的分布式操作系统有以下几个特性:

- 多终端之间的能力共享,互为外设。例如 A 终端能操作 B 终端的摄像头,鸿蒙的前辈们是不具备这个激动人心的功能的。
- 系统与硬件解耦,弹性部署。鸿蒙系统支持 128KB 到 4GB 的设备,从微型设备到大型设备都支持。可以根据资源情况,定制内核,增加或删除一些模块。鸿蒙系统支持低资源设备,这完全符合物联网设备的特性。
- 应用一次开发,多端部署。鸿蒙实现了应用跨终端运行,一次开发,可以将同一程序部署到不同的运行鸿蒙系统的终端上,如手机、电视、车载系统中。

鸿蒙系统 1.0 实现了模块化解耦,对应不同设备可弹性部署。弹性部署是指可以根据硬件的情况,对系统进行裁剪,最小化部署到硬件设备上。鸿蒙系统 1.0 已经构建了完整的四层架构,第一层是内核,第二层是服务层,第三层是开发框架层,第四层是应用层,为后续鸿蒙系统 2.0 的开发打下了良好的基础。

1.2.2 鸿蒙系统 2.0 介绍

2020 年 9 月 10 日,华为发布了鸿蒙系统 2.0。鸿蒙系统 2.0 重点在分布式架构上做了大量的升级优化。在分布式软总线、分布式数据管理、分布式安全等方面进行了重大的更新,开发者能够从这些更新中获得更多的开发能力。在推出鸿蒙系统 2.0 的同时,华为也联合了国内众多知名的厂商,如美的、九阳、老板等智能家居公司,在其生产的智能家居上搭载鸿蒙系统。若大家购买了这些产品,就能够很方便地使用相关功能。例如,可以在冰箱的屏幕中,观看手机视频软件播放的视频,完全实现分布式的视频通信;可以通过手机,便捷地操作空调等。

1.2.3 鸿蒙系统与物联网

鸿蒙系统是新一代的物联网操作系统,这是其最大的特点。鸿蒙系统从立项之初就不是为了手机而生的,而是为了物联网。从这个角度分析,鸿蒙系统并不是为了取代 Android 和 iOS 系统而开发的,而是一个全新的物联网系统。为什么现在需要一个全新并统一的物联网操作系统呢?这就要从物联网说起了。

1. 物联网的两层含义

从物联网的概念中，我们能够发现物联网有两层含义。第一，物联网仍然是基于互联网的，是使用互联网的基础设施，是互联网的扩展。第二，物联网的创新是将人与人的连接，扩展到人与物、物与物的连接，任何物之间都可以进行信息交换，即所谓的万物互联。

传统互联网中的信息交换一般通过 OSI 参考模型（七层网络模型）来处理，物联网则不一样。物联网的通信可能会通过多种设备，如蓝牙、红外、ZigBee、光通信、RFID 等技术，采用的协议栈多种多样，设备与设备间互联非常困难，需要互相兼容，才可能通信，所以这对操作系统的要求非常高。而目前没有这样的操作系统。鸿蒙系统最大的优势就是其轻量化的内核，能较容易地支持各种协议、各种大小的设备，让各种协议、设备高效地互联起来。

2. 物联网时代鸿蒙系统的巨大优势

操作系统无法通过复制商业模型、投资巨额资金成功，必须在市场萌芽期快速占据市场，才可能立于不败之地。桌面时代微软的 Windows 如此，智能手机时代的 Android、iOS 系统也如此。所以摆在鸿蒙系统面前的主要难题是生态问题——不能和 Android、iOS 抢生态，因为突破 Android、iOS 的生态异常困难，只能去打造一个新的生态，即物联网操作系统生态。

目前，智能手机操作系统已经发展到了成熟期，新意越来越少，操作系统的风口正在从智能手机操作系统转向物联网操作系统。相较于 Android、iOS 来说，鸿蒙系统在物联网上是做得最好的，原因是 Android、iOS 本身并不是为物联网设计的操作系统，而鸿蒙系统从诞生开始，就是一个物联网操作系统。

软件银行集团董事长孙正义在演讲中说，物联网将会引领下一轮技术爆炸，就像历史上寒武纪爆发形成了无数新物种一样，用不了多久，到 2035 年，联网的物联网设备数量就将达到 1 万亿，届时，平均每个人有 100 个设备联网。

在这些设备中，每一个个体都和手机有很大的差异，它们的成本、标准化都各不相同，这便需要一个新的操作系统来支撑如此异构的硬件设备。目前，鸿蒙系统正是这样一个系统。

鸿蒙系统不是以往操作系统的一种重复，而是一种全新的操作系统。如果顺利，属于华为鸿蒙系统的物联网时代即将到来。

1.3 鸿蒙系统的特点

计算机、手机、平板电脑、物联网设备的操作系统生态一般由硬件、操作系统、应用程序组成，如图 1-1 所示。

图 1-1 操作系统生态

操作系统控制和管理着计算机的硬件和软件资源，合理地对各类作业进行调度。操作系统对下拥有控制硬件的能力，对上为应用程序提供底层支撑，为应用提供访问硬件，如内存、磁盘、鼠标、键盘、相机等各种外设的能力。

从系统设计来看，一个操作系统的体系架构一般分为用户态和内核态。内核态中运行着系统内核。内核处于一个操作系统最核心的地位，其本质上是一种系统软件，主要控制计算机系统的硬件资源，为应用软件提供运行的支撑环境，如图 1-2 所示。

图 1-2 操作系统体系架构

内核是通过 API 函数向外提供功能的，术语叫作系统调用。系统调用函数是操作系统提供功能的最小功能单位，系统调用函数一般有：

- 进程管理函数。
- 文件管理函数。
- 系统控制函数。
- 内存管理函数。
- 网络管理函数。
- 用户管理函数。

系统调用函数高度抽象、粒度非常细，一般一个操作系统中的系统调用函数较为稳定，不会经常变化函数签名。系统调用函数的个数也非常少，如 Linux 一般约有 250 个，FreeBSD 约有 320 个。Android 基于 Linux，所以系统调用函数和 Linux 几乎一致。

系统调用函数都属于细粒度的操作函数，要实现一些复杂的功能，就需要组合多个系统调用函数来实现，这就形成了一些公用函数库。

此外，在图形界面还未流行前，出现了一种 shell 命令行程序，用户主要通过 shell 来和系统交互。

了解了内核的一些功能，下面主要对内核的分类做一些介绍，同时引出鸿蒙系统使用什么类型的内核。

1.3.1 内核特点简介

一个操作系统最核心的部分是其内核，内核就是操作系统的最主要代码，也可以简单地认为内核就是指操作系统。内核分为宏内核和微内核。下面对两种内核进行简要的说明。

1. 宏内核

宏内核，又称单内核，是一种传统的内核结构。宏内核定义所有核心的程序都是在内核空间运行的，宏内核中的所有服务都是以特权模式执行的。宏内核要求所有服务模块都在同一个地址空间运行，所有服务使用共享的地址空间、内存空间。

宏内核从设计之初，就重点考虑了效率问题。宏内核模块由于使用的是同一个地址空间，所以它们之间能够更直接地通信，通信效率更高，从而运行效率也更高。

但是宏内核也有天生的缺陷，其稳定性相对较差。由于各个模块运行在同一地址空间，所以，如果某个模块出现 bug，就会导致整个系统出现异常。因此，如果宏内核设计及开发的质量不佳，就容易导致稳定性差的问题出现。

UNIX、Linux、iOS 系统是宏内核。

2. 微内核

微内核是提供操作系统核心功能的内核精简版本，它的核心设计原则是：能多小就多小。

微内核提供一组"最基本"的服务，如进程调度、进程间通信、存储管理、I/O 设备管理。其他服务如文件管理、网络服务等，并不是一个微内核必须有的。例如一个蓝牙设备，就不需要网络服务，仅仅只需要文件管理服务。

除了"最基本"的服务外，在有需求的情况下，微内核怎么支持其他复杂的服务呢？其他服务模块可以通过接口和微内核交流，从而扩展系统的功能。

Windows、鸿蒙系统是微内核。

3. 鸿蒙系统微内核的优势

鸿蒙系统是微内核。Android 系统（采用 Linux 内核）和 iOS 系统都是宏内核。宏内核将所有的模块放在一个内核中，如文件系统、内存管理、网络管理、磁盘管理、设备驱动等。其中，设备驱动是内核代码量最大的模块。为了支持众多系统，一般编译的时候，会将常用驱动编译到内核中，从而让内核镜像更大。

随着操作系统的功能越来越多，内核也越来越庞大，宏内核面临的挑战突显出来，主要有两个：

- 宏内核操作系统代码量非常庞大。Linux 3.3 的内核约 1500 万行，且每年以 100 万行的速度增长。虽然全球有约 8 万人在参与 Linux 内核的开发和测试，但是因为有如此大的代码量及系统复杂度，所以 Linux 内核潜在的问题也相当多，并且修改起来非常复杂。

- 大量的驱动程序、模块集中在一个内核中，导致内核模块之间的关联性强，可扩展性差。内核之间的模块互相依赖，导致在修改某个模块时，可能会影响其他模块。在多硬件适配的工作中，某些服务要匹配不同的硬件，要做大量的适配工作，导致服务不稳定，经常变化。这一点在物联网硬件中表现得尤为突出。物联网设备类型繁多，变化及组合方式多样，内核要适应这些设备，就需要针对不同的物联网设备做大量的适配工作，这也是物联网宣传了很多年，但是目前流行程度还是相对较低的原因之一。

鸿蒙系统微内核完全克服了宏内核的这些缺点，将内核做到足够精简。微内核中只保留核心的进程管理、内存管理、进程间通信，其他的非核心服务放到非内核中去执行，如文件系统、网络协议、一些驱动程序等。这样做的好处在于：

- 高扩展。由于很多服务不在内核态，所以服务开发者可以自行开发、裁剪服务，并直接在用户态运行服务，对内核不会有任何影响。这种方式实现了高扩展。
- 可靠性高。微内核的代码量非常少，可靠性高。用户态的服务不会影响内核态的服务，从而实现高可靠性。
- 安全性高。微内核由于只实现了核心功能，代码量非常少，所以可以通过多次评审，不断地进行黑白盒安全测试，确保内核的安全性。
- 可维护性高。内核态运行稳定，基本不需要维护。运行在用户态的服务，可以正常启动与停止，即使出现问题，也不会导致内核崩溃。

1.3.2　鸿蒙系统分布式技术特性

除了鸿蒙系统微内核的优势，鸿蒙系统还解决了很多实际场景中的痛点，可以将软件与软件、软件与硬件、软件与资源快速共享起来。为了实现这些场景，鸿蒙系统引入了以下几个关键技术：

- 分布式软总线。
- 分布式设备虚拟化。
- 分布式数据管理。
- 分布式任务调度。

下面对这几项技术进行详细阐述。

1. 分布式软总线

分布式软总线是解决物联网硬件设备之间无缝通信的总线架构，类似于企业服务总线（ESB）。分布式软总线为设备之间的互联互通提供了统一的分布式通信能力，各种设备（如手机、平板电脑、智能穿戴、智慧屏、车机、智慧家居）能通过注册到分布式软总线，进行快速的数据、命令交互。分布式软总线为设备与设备之间无感发现和零等待传输创造了技术条件，设备注册到分布式软总线中，无须关心彼此的协议，协议互相兼容由分布式软总线解决。

分布式软总线可以解决很多目前体验不好的问题，以智能家居场景为例：
- 午睡的时候，可以用手机控制智能窗帘的外设开关：碰一下表示窗帘关闭，碰两下表示窗帘打开。这样就不需要在手机上打开控制窗帘的 App，再找到控制窗帘开关的按钮，这个过程可能需要 20 秒钟，而使用手机碰一下外设开关可以让整个流程非常自然快速。智能窗帘硬件也不用自己设计操作系统，直接使用鸿蒙系统即可，这样可以极大地节省软件研发成本。
- 一回家，你的智能穿戴设备就可以接入家庭软总线中，各个设备之间不用任何设置，即可互相快速通信。例如，正在工作的扫地机器人，可以识别你的手机，当发现主人回家时，机器人可以自己回到充电桩中。智能电灯发现主人回来了，可以自动打开灯光。这一切都不需要人为的任何操作。

2. 分布式设备虚拟化

分布式设备虚拟化平台可以将不同的设备连接起来，形成一个整体。例如，在一个手机上可以访问其他手机的摄像头，从而实现设备的资源融合，多种不同的设备共同形成一个超级虚拟终端，如图 1-3 所示。

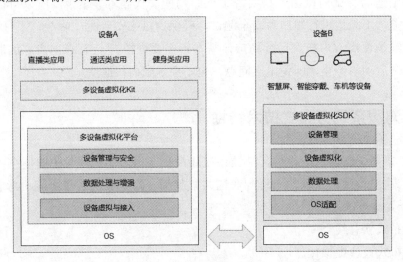

图 1-3　分布式设备虚拟化

这里以视频通话和游戏场景来说明分布式设备虚拟化的作用。
- 视频通话场景：在做家务时突然接听到视频电话，但使用手机不方便，这时可以将手机与华为智慧屏连接，并将智慧屏的屏幕、摄像头与音箱虚拟化为手机的本地资源，替代手机自身的屏幕、摄像头、听筒与扬声器，实现一边做家务、一边通过智慧屏和音箱来视频通话。
- 游戏场景：在智慧屏上玩游戏时，可以将手机虚拟化为遥控器，借助手机的重力传感器、加速度传感器、触控能力，为玩家提供更便捷、更流畅的游戏体验。

3. 分布式数据管理

分布式数据管理基于分布式软总线的能力，实现应用程序数据和用户数据的分布式管理。所谓分布式数据管理，是指应用程序数据和用户数据不与某台设备绑定，数据可以在跨设备间进行访问。开发者不用关心数据存储在哪台设备上，直接调用相应的模块就能访问到数据，如图 1-4 所示。

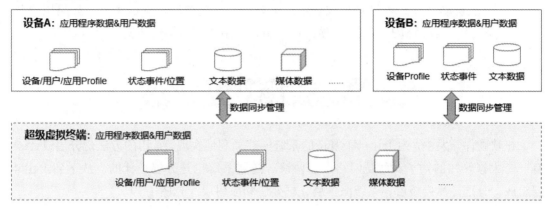

图 1-4 分布式数据访问

从图 1-4 中可以看出，设备 A 中有设备 / 用户 / 应用 Profile、状态事件 / 位置、文本数据、媒体数据等数据，设备 B 中有设备 Profile、状态事件、文本数据。设备 A 和设备 B 都将数据同步到超级虚拟终端，这样超级虚拟终端就拥有设备 A 和设备 B 的所有数据，并且可以实时同步更新。这就像设备 A 和设备 B 使用同一块磁盘一样，任何一个设备对磁盘的更改，在其他设备中都能查看到。

这里有一个概念——超级虚拟终端（super virtual device），又称超级终端，其通过分布式网络技术将多个终端 / 设备的能力进行整合，形成相互协同的工作场景。

例如，在搭载鸿蒙系统的手机上，可以直接向附近的计算机、平板电脑、手表、窗帘等推送相关的数据，从而控制其他设备实现相应功能，这也是华为为鸿蒙系统"多端协同，多端流转"提供的一个重要能力。

超级虚拟终端将会带来十分强大的生态体验，能够将几乎所有搭载鸿蒙系统的电子设备融为一体，打造完全无缝的使用体验，让设备与设备之间的互联更为高效。

那么其他系统能否互联实现同样的功能呢？从某种程度来说是可以部分实现的，只是无法达到鸿蒙系统流畅的体验，同时硬件成本非常高昂。

以 Android 为例，窗帘必须搭载一套成本相对较高的硬件，才能安装 Android 系统，从而实现窗帘与手机之间无缝的集成互联。如果窗帘的硬件较弱，无法安装 Android 系统，那么窗帘和 Android 手机就必须通过一些成本较低的蓝牙进行通信，并且 Android 手机上需要安装能接收和控制窗帘的 App。从体验上来说，这个连接过程比较烦琐，响应速度也会变慢一些，无法做到无感操作。

4．分布式任务调度

分布式任务调度表示任务调度可以跨设备进行，任务可以通过远程调用，执行在其他设备上，从而实现一些只有其他设备才具有的能力。

分布式任务调度有以下使用场景：

- 长任务场景：在手机上正在处理一个视频文件，需要 20 分钟。可以把这个处理任务的信息发送到手表上，随时在手表上查看视频处理信息。
- 导航场景：如果用户驾车出行，上车前，在手机上规划好导航路线；上车后，导航自动迁移到车机和车载音箱；下车后，导航自动迁移回手机。如果用户骑车出行，在手机上规划好导航路线，骑行时手表可以接续导航。

1.4 鸿蒙系统的分层架构

在软硬件开发中，为了让一个复杂的系统能够顺利地实现，常用的方法是分层设计。有一个大家熟知的例子，就是网络七层协议。鸿蒙系统也是分层设计的，从下到上由 4 层组成，分别是：内核层、系统服务层、框架层和应用层（见图 1-5）。

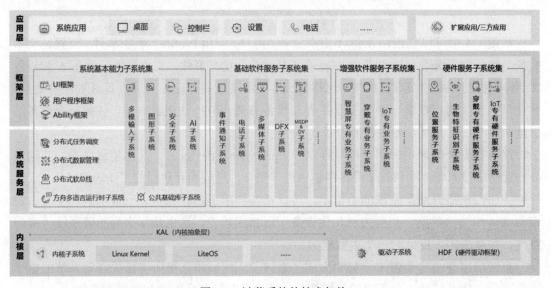

图 1-5 鸿蒙系统的技术架构

下面对这 4 层进行详细介绍。

1.4.1 内核层

内核层是操作系统的核心，主要是管理硬件资源，同时为外层应用提供系统调用。为了管理各种硬件（如显卡、声卡），需要有驱动子系统。为了管理进程、线程、内存等资源，需要有内核子系统。

鸿蒙系统采用多内核设计，支持针对不同硬件资源受限设备选用适合的内核。目前，鸿蒙系统包含 Linux 内核、LiteOS 内核。Linux 内核主要兼容 Android。由于 Android 是依赖于 Linux 内核的，所以为了支持 Android，必须要内置 Linux 内核。华为对 Linux 内核进行了优化裁剪，去掉了很多不需要的组件，同时添加了鸿蒙的一些新特性，如分布式框架、分布式数据存储等。

LiteOS 内核主要支持小型物联网设备,可以根据硬件资源进行裁剪;LiteOS 内核还具有低功耗的特点,非常适合价格便宜的微小硬件设备。

驱动子系统包含了常用的驱动程序,其主要模块包括硬件驱动框架(Hardware Driver Foundation,HDF)。HDF 用于统一对外设进行管理,访问、修改、控制外设的状态。同时,HDF 还提供驱动开发的框架。驱动开发是开发工作中难度较大的部分,需要对操作系统及硬件接口及原理有较多的了解,才能写出一个完整的、正确的驱动。驱动开发的框架可以简化驱动的开发,让程序员不需要学习太复杂的驱动原理,只需要在框架留出的代码桩处写代码,即可完成一个简单的驱动程序。

1.4.2 系统服务层

系统服务层主要提供系统的基础服务,为上层框架提供底层系统调用支持。系统服务层包含了大量的基础服务组件,如分布式软总线、分布式数据管理、分布式任务调度等。其中方舟多语言运行时子系统,能够支持多种编程语言的编译及运行,为系统支持多语言提供帮助。

1.4.3 框架层

框架层主要为应用开发者服务,是系统对应用开放的接口。为了丰富开发生态,鸿蒙系统提供了多种语言的接口,目前支持 Java/C/C++/JS 等语言。同时,框架层还提供了 UI 框架、用户程序框架、Ability 框架以及操作硬件服务的开发组件,开发者可以通过这些组件快速实现特定功能,从而加速应用的开发。

1.4.4 应用层

应用层包括系统应用和非系统应用。系统应用包括鸿蒙桌面、控制栏、系统设置、电话、短信等。非系统应用是指第三方开发者开发的,可以通过应用商店下载安装的应用,如 QQ、微信、抖音、板栗看板等。本书主要围绕框架层、应用层,对软件开发进行讲解。

1.5 小结

现在,你应该感觉很平静,甚至充满了成就感,因为你开始逐步了解了鸿蒙系统是什么,以及鸿蒙系统能给世界带来什么。鸿蒙以其先进的分布式系统设计理念,让万物互联更为容易。在不久的将来,软硬件生态会逐步跟上,到那时候,我们在日常生活中能体验到以下场景:每天下班回家,再也不用在指纹锁中录入指纹,只需要带上智能手表，轻轻地敲两下门，智能手表就可以通过 NFS 自动和电子锁进行沟通，确认是谁回家了。通过超级虚拟终端技术，智能手表将电子锁当作自己的外设，从而自动操作了电子锁。这种超级虚拟终端技术，是一种对用户透明，能让万物无感互联的令人兴奋的技术突破。

当智能家居感应到我们回到家时，空调会自动打开，窗帘会自动打开，冰箱的显示屏上也会提醒你晚餐可以吃什么，并根据你的喜好，在食物不够的时候，提前在电商平台下单；热水壶能将水调整到你喜欢的温度；LED 灯泡也能自动识别到你回家，为你营造出你喜欢的环境光。

这些场景在很多科幻电影中以及在我们的脑海中都出现过，只是互联万物的鸿蒙系统让这种可能离我们更近，未来可期。

第 2 章
搭载鸿蒙 App 开发环境

在进行鸿蒙 App 开发之前,需要搭建一个鸿蒙 App 开发环境。本章将详细介绍鸿蒙 App 开发环境搭建相关知识,为下一步学习夯实基础。

2.1 开发环境简介

开发鸿蒙 App，华为提供了 DevEco Studio 集成开发环境，这个集成开发环境面向全场景多设备，提供一站式开发平台，支持分布式原子化服务和应用的开发。在搭建 DevEco Studio 之前，需要确定鸿蒙 App 对开发环境的要求，具体的要求如表 2-1 所示。目前的计算机配置应该都能支持这个系统要求。

表 2-1 具体要求说明

项目	版本要求	说明
操作系统	操作系统：Windows 10 64 位或 macOS 10.14/10.15/11.2.2 内存：8GB 及以上 硬盘：100GB 及以上 分辨率：1280 像素 ×800 像素及以上	内存越大，运行越快
SDK	SDK API Version 5	当你阅读本书的时候，可能 SDK 已经升级到最新版本了。不过没关系，你仍然可以使用和本书同样版本的 SDK 来学习。学会之后，再升级到新版本的 SDK 会非常容易，一般来说，SDK 是向下兼容的
集成开发环境	DevEco Studio 2.1 Release	当你阅读本书的时候，可能有更新的版本。为了在做练习时，能和本书保持一致，请使用这个版本

DevEco Studio 是基于 IntelliJ IDEA Community 开源版打造的集成开发环境。DevEco Studio 面向不同终端，可以开发多种面向不同设备的华为应用，如智能手表、手机、智慧屏、计算机应用等。不同设备的应用界面效果如图 2-1 所示。

图 2-1 同一应用不同设备界面效果预览

DevEco Studio 为开发者提供了整套开发环境，开发者可以创建项目模板，开发、编译、调试、发布应用。

除了提供基本的开发调试能力，针对鸿蒙系统，DevEco Studio 的主要特点如图 2-2 所示。

图 2-2　DevEco Studio 的主要特点

下面简要地介绍一下这六个特点：

- 多设备统一开发环境。多种设备的应用开发都可以在 DevEco Studio 中完成，包括手机（Phone）、平板电脑（Tablet）、智慧屏（TV）、智能穿戴（Wearable）、车机系统（Car）、轻量级智能穿戴（LiteWearable）和智慧视觉（Smart Vision）设备。
- 支持多语言的代码开发和调试。DevEco Studio 支持 Java、XML（Extensible Markup Language）、C/C++、JS（JavaScript）、CSS（Cascading Style Sheets）和 HML（HarmonyOS Markup Language）等语言，特别是支持前端开发，这样很多前端程序员就可以开发移动端应用程序了。
- 支持 FA（Feature Ability）和 PA（Particle Ability）快速开发。通过工程向导快速创建 FA/PA 工程模板，一键式打包成 HAP（HarmonyOS Ability Package）。
- 支持分布式多端应用开发。一个项目及一份代码可在不同的设备上运行，支持在不同设备上显示实时界面，对应用进行多设备调试。
- 支持多设备模拟器。提供多设备的在线模拟器，包括手机、平板电脑、车机系统、智慧屏、智能穿戴等，方便开发者高效调试。
- 支持多设备实时预览。提供 JS 和 Java 预览器功能，可以实时查看应用的布局效果，支持实时预览和动态预览；同时还支持多设备同时预览，查看同一个布局文件在不同设备上的呈现效果。

DevEco Studio 支持 Windows 和 macOS 系统，在两个系统中安装非常相似。搭建应用开发环境主要包括软件安装和配置开发环境，如图 2-3 所示。

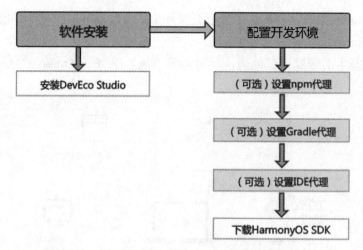

图 2-3　DevEco Studio 安装过程

软件安装是指安装 DevEco Studio。如果电脑安装的是 Windows 操作系统，那么安装 DevEco Studio 的 Windows 版本；如果是 Mac 计算机，那么就需要安装 DevEco Studio 的 Mac 版本。

配置开发环境需要从服务器中下载一些必要的依赖包。其中，设置 npm 代理、设置 Gradle 代理、设置 IDE 代理是可选配置，可以在需要的时候再做配置。HarmonyOS SDK 是必须下载的依赖包，这也是开发鸿蒙 App 必须依赖的 SDK。

2.2　安装 DevEco Studio

2.2.1　macOS 系统中安装 DevEco Studio

在 macOS 系统安装 DevEco Studio 开发环境的主要步骤如下：
在鸿蒙官网下载 macOS 系统的版本，如图 2-4 第三行所示。

官网下载地址

DevEco Studio 2.1 Release

Platform	DevEco Studio Package	Size	SHA-256 checksum	Download
Windows(64-bit)	devecostudio-windows-tool-2.1.0.501.zip	890M	a22807ae2ef2d6f4afe5aa6d57b2714d66db0b2cb6674580e7aa6a26be68	↓
Mac	devecostudio-mac-tool-2.1.0.501.zip	1040M	70b99e1f8874ec9cd38c6c286589061f0f22a227b5f97e04f7823620890a9	↓

图 2-4　Windows 和 Mac 软件包具体信息

下载完成后，双击下载的"devecostudio-mac-tool-xxxx.dmg"软件包。xxxx 是软件包的版本号，本书使用的是 2.1.0.501 这个版本，也可以使用更新的版本。

在安装界面中，将"DevEco-Studio"拖动到"Applications"中，等待安装完成，如图 2-5 所示。

图 2-5　DevEco-Studio 安装图示

大概需要 1 分钟，DevEco Studio 就安装完成了。可以在应用程序中找到 DevEco-Studio 的图标，双击即可启动开发环境。

2.2.2　Windows 系统中安装 DevEco Studio

在 Windows 系统中安装 DevEco Studio 比 macOS 系统中安装步骤多一些，步骤如下：在鸿蒙官网下载 Windows 系统的版本，如图 2-6 第二行所示。

图 2-6　Windows 和 Mac 软件包具体信息

下载完成后，双击下载的"devecostudio-windows-tool-xxxx.exe"软件包。xxxx 是软件包的版本号，本书使用的是 2.1.0.501 这个版本，也可以使用更新的版本。双击进入安装向导界面，如图 2-7 所示，提示 DevEco Studio 将要开始安装，建议关闭其他程序。

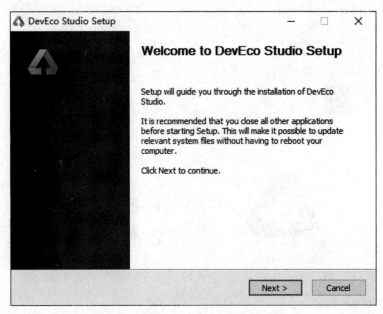

图 2-7　DevEco Studio 安装向导界面

设置安装的路径。安装软件大约需要 1.7GB 的剩余空间，建议不要安装在系统盘，因为系统盘的空间有限，不利于以后安装 DevEco Studio 的其他插件及 SDK。设置安装目录界面如图 2-8 所示。

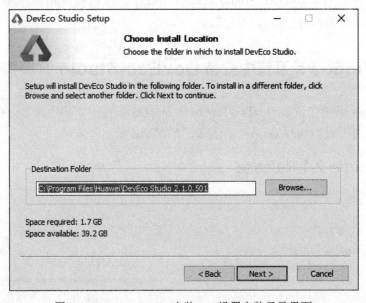

图 2-8　DevEco Studio 安装——设置安装目录界面

配置选择界面如图 2-9 所示。这里有三个安装选项，翻译为中文分别是：创建一个桌面快捷方式；添加一个环境变量到 PATH 中；在右键上下文菜单中添加一个"Open Folder as Project"。建议将这三个选项全部选中。

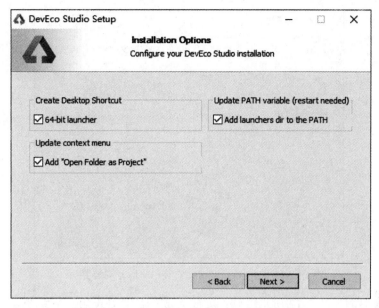

图 2-9　DevEco Studio 安装——配置选择界面

在开始菜单中添加启动快捷文件夹，添加快捷方式如图 2-10 所示。

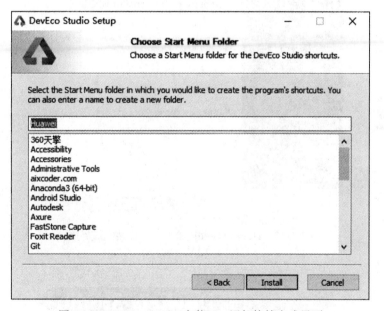

图 2-10　DevEco Studio 安装——添加快捷方式界面

单击"Install"，进入安装界面，正在安装的界面如图 2-11 所示。

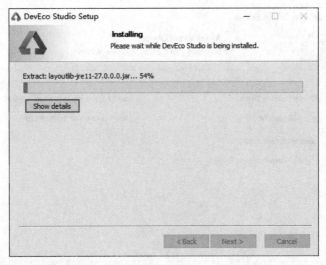

图 2-11　DevEco Studio 安装——运行安装界面

安装完成界面如图 2-12 所示。软件安装完成后，最好重启一下系统。

图 2-12　DevEco Studio 安装——安装完成界面

2.3　配置 DevEco Studio

安装完成 DevEco Studio 后，第一次启动该程序，会引导我们进行环境设置，主要设置步骤如下（这里以 macOS 版本为例，Windows 版本类似）。

如图 2-13 所示，界面提示是否创建启动脚本。启动脚本用于从命令行启动 DevEco Studio 开发环境。"Create a script opening files and projects from the command line" 表示可以从命令行打开一个项目或文件。一般为了方便，选择这个设置。

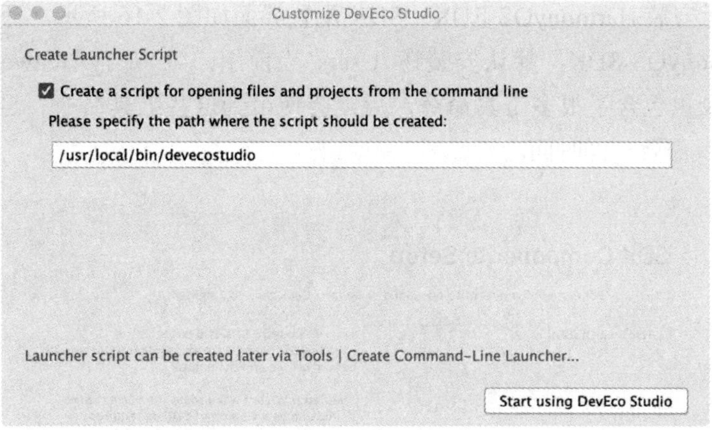

图 2-13　DevEco Studio 创建启动脚本并配置命令行启动

选择这个选项后，在命令行执行 devecostudio 即可快速打开 DevEco Studio 开发环境。

程序启动后会展示 DevEco Studio 的用户协议，主要是介绍 DevEco Studio 的一些功能，以及用户是否同意华为的一些用户隐私协议（有兴趣的读者可以看一下这个协议），这一步必须选择"Agree"，否则程序将退出。具体界面如图 2-14 所示。

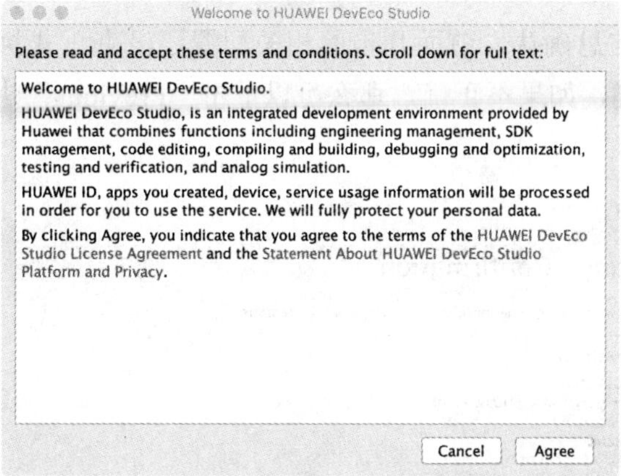

图 2-14　使用 DevEco Studio 需要同意的协议

DevEco Studio 运行需要 npm 工具及仓库。配置 npm 仓库界面如图 2-15 所示，默认为华为提供的仓库，如果有其他仓库，可以更改，一般情况下不需要更改。npm 的配置信息存储在 /Users/ 当前用户 /.npmrc 文件中。

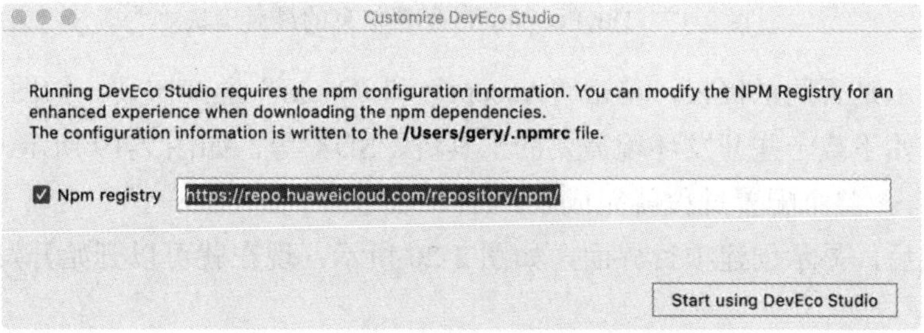

图 2-15　DevEco Studio 配置 npm 仓库

接下来提示安装 HarmonyOS SDK。SDK 配置界面如图 2-16 所示。开发鸿蒙 App 必须要安装 HarmonyOS SDK，默认安装在 /Users/ 当前用户 /Library/Huawei/sdk 目录中。注意，这个目录也包含了很多工具命令，后续会使用到这些工具命令。这一步会从互联网上下载 SDK，需要一些时间。

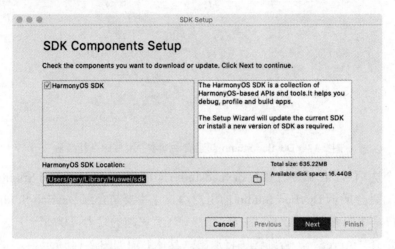

图 2-16　DevEco Studio 的 SDK 配置

接下来进入配置信息确认，前面几步的相关配置还没有正式执行，这里需要确认一下先前的配置是否正确，如果不正确，那么可以单击"Previous"进行修改。确认配置信息界面如图 2-17 所示。

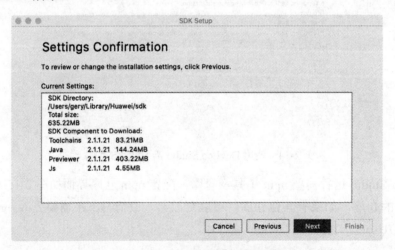

图 2-17　DevEco Studio 配置信息的最后确认

接下来提示是否同意授权，单击"Accept"和"Next"继续安装。如图 2-18 所示。之后会开始下载一些开发环境需要的工具链、SDK 等，如图 2-19 所示。下载完成后单击"Finish"，整个配置过程就完成了。

配置完成后，显示创建项目界面，如图 2-20 所示，现在就可以开始开发程序了。

第2章 搭载鸿蒙App开发环境 | 25

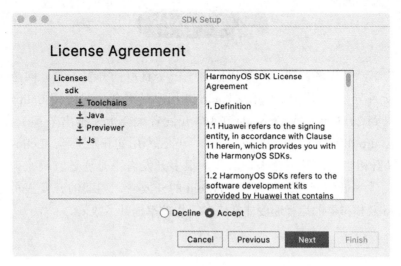

图 2-18 DevEco Studio 接受下载配置

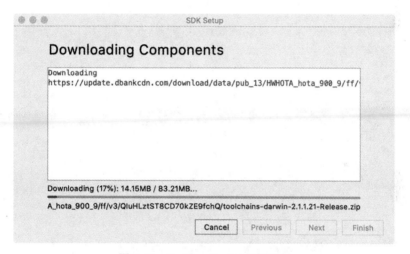

图 2-19 DevEco Studio 配置下载

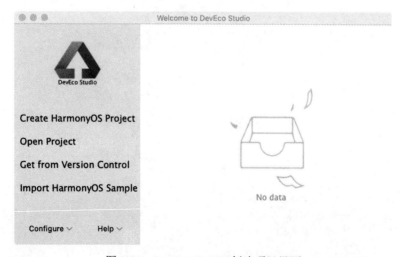

图 2-20 DevEco Studio 创建项目界面

2.4 小结

工欲善其事，必先利其器。现在我们有了一个良好的开发工具。回想这些年的技术发展，日新月异。十几年前，开发 Android 程序的时候，只能用 Eclipse 的 Android 开发插件，直到 2013 年 5 月，Google 在 I/O 开发者大会上才推出了基于 IntelliJ IDEA Java IDE 的 Android Studio，从此 Android 有了自己专用的开发工具。Eclipse 和 Android Studio 的模拟器相当慢，甚至会卡顿假死，很多开发者都是通过真机来调试，才能间接地解决开发效率低的问题。相较于 Android 的开发者，鸿蒙的开发人员是幸运的，DevEco Studio 及模拟器的运行速度非常快，工作效率提升了数倍。

第 3 章
创建第一个鸿蒙 App

开发一个优秀的鸿蒙 App,需要大量的学习和编程实践。不过我们的第一个鸿蒙 App 却非常简单,只需要结合第 2 章安装好的开发环境,跟着本书一步一步地操作,就能很快开发出我们的第一个鸿蒙 App。

3.1 第一个应用实现的目标

开始本章的学习之前,我们必须要安装 DevEco Studio 开发环境,具体安装步骤见第 2 章的讲解。为了让大家快速入门,本章要实现的应用程序只有一个用户界面元素,如图 3-1 所示。

图 3-1 应用程序开始界面

这个程序有 2 个元素:
- 标题栏(entry_MainAblility)。
- 文本标签(你好,世界)。

第一个应用是不是非常简单呢?它仅仅是一个开始,下面我们一步一步来创建这个程序。本书大部分案例使用的是 Mac 计算机开发,Windows 上的开发和 macOS 上的开发基本一样。新建一个项目的主要步骤如下:

首先打开 DevEco-Studio,该程序默认安装在"/应用程序"中。打开 DevEco-Studio 后,会进入 Welcome to DevEco Studio 界面,如图 3-2 所示。

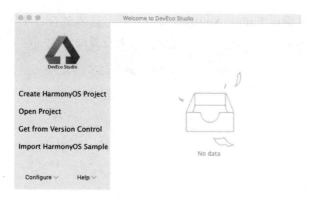

图 3-2　DevEco Studio 启动向导界面

左边的 4 个菜单的含义是：

- Create HarmonyOS Project：创建一个新的鸿蒙项目。这个菜单是以向导式的方式创建项目。
- Open Project：打开一个已经存在的项目。也就是说，我们从网上下载的项目，可以从这里打开。
- Get from Version Control：从代码版本管理仓库中获取项目源文件。目前支持 Git、Mercurial、Subversion 等源代码管理仓库。
- Import HarmonyOS Sample：导入鸿蒙的案例代码。鸿蒙提供了很多 Demo 案例代码，便于我们学习。

为了快速入门，这里选择"Create HarmonyOS Project"来创建一个新的项目。选择后会出现"Create HarmonyOS Project"弹出框，要求选择一个项目模板，如图 3-3 所示。

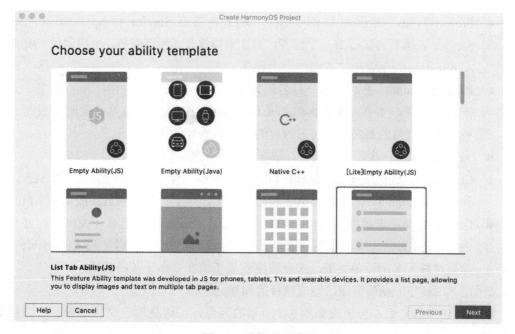

图 3-3　选择项目模板

选择第 2 个项目模板 Empty Ability（Java）后，进入如图 3-4 所示的项目配置弹出框"Configure your project"，这个弹出框主要用来设置项目的一些基本属性。

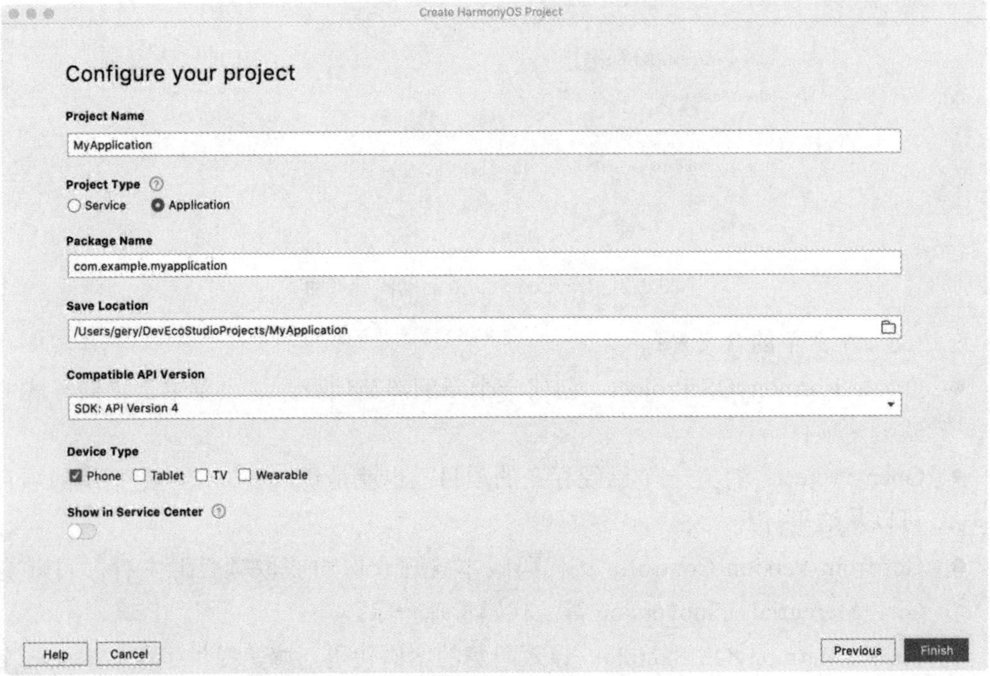

图 3-4　Harmony 项目属性设置

需要设置的基本属性如下：
- Project Name：表示项目的名字。项目的名字不能有中文，只能是字母、数字和下画线。
- Project Type：表示项目的类型。项目类型有 Service 和 Application 两种。Service 表示后台运行的一个任务，如音乐播放、文件下载等，不提供用户界面。Application 表示带用户界面的应用程序。
- Package Name：表示包名。包名是为了区分不同的项目，由字母、数字、点和下画线组成。本书大多数案例都是以 com.hellodemos 为包名，同时一般是一个域名反着书写的形式，反着写的目的是避免重复。
- Save Location：表示这个项目存放在本地的位置。
- Compatible API Version：表示兼容的 API 版本。目前有两个版本：API Version 4 和 API Version 5。两者在函数上有一些变化，这里建议选择最新版本的 API。
- Device Type：表示应用程序可以运行在哪些设备上。这里有 4 种设备，分别是手机（Phone）、平板电脑（Tablet）、电视（TV）、智能穿戴（Wearable）。如果选择了多个设备类型，那么程序就要考虑在多个设备间兼容。

最后，单击"Finish"按钮，完成项目的创建。

项目创建完成之后，会出现如图 3-5 所示的界面，左边是项目文件导航，右边是编辑区。

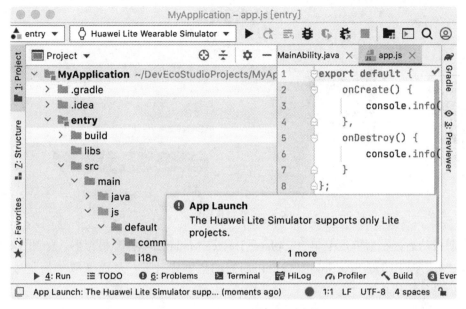

图 3-5　Harmony 新项目目录结构

3.2　注册华为开发者账号并在模拟器上运行

新建完项目后，怎么运行这个程序呢？首先需要启动一个模拟器，然后让程序发布到模拟器上运行。要启动模拟器，就需要注册一个华为开发者账号，接下来讲解怎么注册一个华为开发者账号。

首先尝试启动模拟器，会提示登录华为账号，单击菜单"Tools → Device Manager"，出现如图 3-6 所示的界面。

图 3-6　启动模拟器

单击"Login"开始注册，或者扫码打开网页进行注册，登录注册界面如图 3-7 所示。

图 3-7　登录华为账号

注册成功后，重新单击菜单"Tools → Device Manager"打开模拟器，如图 3-8 所示，会提示"HUAWEI DevEco Studio 想要访问您的华为账号"，从而获取华为账号中的一些账号信息，这里单击"允许"。

图 3-8　提示访问华为账号界面

单击"允许"后，如图 3-9 所示，会提示"您已成功登录客户端 HUAWEI DevEco Studio"，表示登录成功。

图 3-9　成功登录华为账号

注册成功后，还需要实名认证。认证步骤比较多，这也是为了安全起见。通过实名认证，可以有效避免开发一些病毒程序，让其他人使用。如图 3-10 所示，回到"HarmonyOS Virtual Device Manager"界面，提示"The remote emulator requires real-name authentication"，意思为远程模拟器需要一个用户真实身份认证。单击"Go Authentication"开始真实身份认证。

图 3-10　华为账号实名认证

实名认证界面如图 3-11 所示。首先请单击"here"开始实名认证。如果已经完成了实名认证，请关闭 DevEco Studio，重新登录。这里我们没有进行实名认证，所以单击"here"。

图 3-11　进入实名认证界面

浏览器自动打开"开发者实名认证"窗口，需要实名认证，才能成为华为开发者联盟合作伙伴，获得更多开发、分发应用等服务权益。选择认证方式界面如图 3-12 所示。这里我们选择"个人开发者"；如果你是企业，可以选择"企业开发者"，企业开发者需要上传营业执照等信息。

图 3-12　认证方式选择界面

这里进入"开发者实名认证"界面的第二步,具体选择界面如图 3-13 所示。按照要求选择"是""否"即可。这里选择"否",表示我们的应用不涉及游戏、金融、新闻、社交等监管领域的应用,这样更容易认证通过。

图 3-13 认证选择应用领域

进入个人银行卡认证或者身份证人工审核认证,两种认证界面如图 3-14 所示。个人银行卡认证只需要 3 分钟,身份证需要人工审核,审核时间为 1~2 天。这里我们选择个人银行卡认证,因为时间就是效率;如果你介意用个人银行卡认证,那么就需要准备一下身份证。单击"前往认证"即可进入下一步。

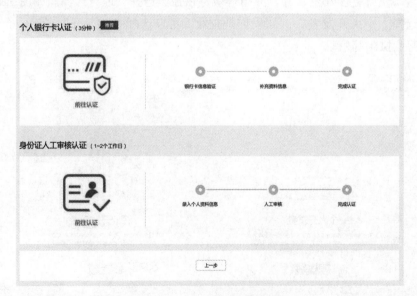

图 3-14 认证方式选择界面

认证信息填写界面如图 3-15 所示。这一步需要填写你的真实姓名、身份证号码、你的银行卡号及你在该银行预留的手机号码，然后填入手机验证码，单击"下一步"即可。如果填写错误，会提示你认证错误。

图 3-15　认证信息填写

上一步通过后，进入资料完善界面，如图 3-16 所示。会要求我们填写一些个人详细信息，如电子邮箱、家庭住址等，填写完成后，单击"下一步"。

图 3-16　补充资料信息

如果到目前为止一切顺利，就代表我们实名认证成功了。认证成功界面如图 3-17 所示。

图 3-17　认证成功

实名认证成功后，重启 DevEco Studio，然后单击菜单"Tools → Device Manager"，进入"HarmonyOS Virtual Device Manager"界面，如图 3-18 所示。

图 3-18　进入授权

单击"Go Authentication"进入授权页面，授权页面如图 3-19 所示。

图 3-19　授权页面

单击"允许",进入"HarmonyOS Virtual Device Manager"界面,界面中已经显示了一些设备(如 P40),如图 3-20 所示。

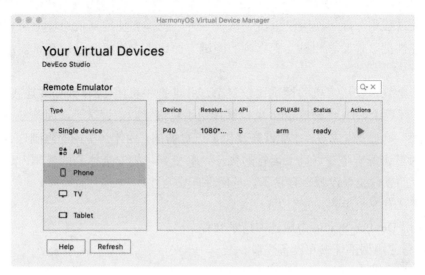

图 3-20 虚拟设备管理

选择一个感兴趣的模拟器,单击运行按钮 ▶,即可启动模拟器。一个模拟器可以打开 1 小时。模拟器使用了远程服务器的资源,有点类似云计算机的效果,为了节省资源,所以华为限定了每次模拟器只能打开 1 小时。若超过 1 小时,重新启动模拟器即可。华为 P40 手机虚拟效果如图 3-21 所示。

图 3-21 华为 P40 手机模拟器设备

是不是很酷,非常像真机呢?

3.3 使用真机运行程序

在研发过程中,除了使用模拟器调试程序外,也需要使用真机对程序进行调试,因为模拟器在性能、体验、相机、麦克风的测试方面比不上真机,使用真机能最大程度提高生产力。

为了安全性,使用真机的调试比较复杂,并非把手机用 USB 数据线连接到 DevEco Studio 开发环境上,DevEco Studio 就能够调用手机进行断点调试了,而是必须进行相对复杂的配置,如证书生成等,才能够在真机上进行调试。为什么华为的限制这么严格呢?原因是华为想让每一个在真机上运行的程序,都受到华为安全体系的控制,这样开发病毒或不安全的软件也就没那么容易了,从而保证安全性。

真机调试有 5 个步骤,分别为:
- 使用 DevEco Studio 生成证书请求文件。
- 申请应用调试证书和设备注册。
- 申请项目和应用。
- 在开发环境中配置相关信息。
- 运行程序。

3.3.1 使用 DevEco Studio 生成证书请求文件

首先需要在 DevEco Studio 中生成证书。证书是一个扩展名为".p12"的文件。每一个证书都可以生成一个 p12 文件,这是一个加密的文件。只要知道其密码,就可以供给所有的鸿蒙设备使用。这个证书一般用于开发调试,主要是限定开发主机的安全性。

打开 DevEco Studio 开发环境,依次选择菜单"Build → Generate Key and CSR",打开产生 p12 文件的界面,如图 3-22 所示。

图 3-22　p12 证书生成界面

然后单击"New"按钮，通过密码生成一个 p12 文件，p12 文件只需要一个加密密码，如图 3-23 所示。

图 3-23　创建 p12 文件

该界面中有 3 个输入框需要填写：
- Key Store File：选择密钥库文件的存储路径和文件名，只能是英文路径，不能包括中文，扩展名是 .p12。
- Password：设置密钥库密码，密码需要包含大小写字母。请记住这个密码，因为后续会使用这个密码。这里我们称为 p12 的密码。
- Confirm Password：再次输入密钥库密码。

定义了 p12 文件需要的信息后，其他内容根据实际情况填写即可，如图 3-24 所示。

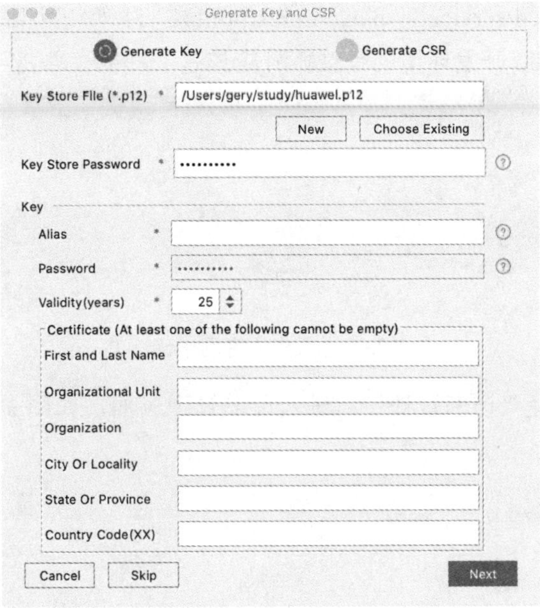

图 3-24　证书信息完善

这里的信息太多，但是也不复杂，只要按照要求填写即可。
- Alias：表示这个证书的别名。这个别名主要是为了记忆。
- Password：和上面的密码一致。
- Validity（years）：表示这个秘钥文件的有效期，可以随便填写。

其他认证信息，按照要求填写就可以了。

然后单击"Next"，进入如图 3-25 所示的界面，设置 csr 文件的路径及文件名，最好和刚才的 p12 文件放在一个目录，方便查找。

图 3-25　csr 文件生成

单击"Finish",即可生成 p12 和 csr 文件了,这些文件在后文会使用到。

3.3.2　申请应用调试证书和设备注册

在本地生成了密钥文件后,同时需要在华为官网上也申请一些证书。打开 AppGallery Connect 网站,在华为官网上申请真机调试的证书,地址是：https://developer.huawei.com/consumer/cn/service/josp/agc/index.html#/。注册一个账号并登录,注意这里的账号和 DevEco Studio 开发环境的登录账号应该是一样的。单击"用户与访问"链接,如图 3-26 所示。

图 3-26　进入华为官网申请证书

在左侧导航栏选择"证书管理",进入证书管理页面,如图 3-27 所示,单击"新增证书"。

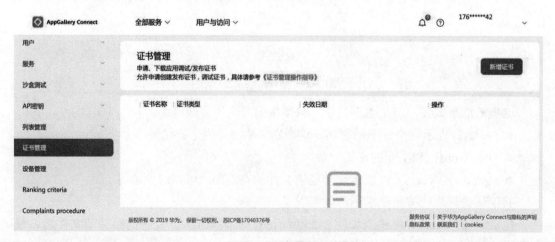

图 3-27　新增证书

进入如图 3-28 所示界面，填写证书的名称，证书类型选择"调试证书"，然后将刚才在本地生成的 csr 证书上传。

图 3-28　使用 csr 申请测试证书

单击"提交"，即可生成证书，如图 3-29 所示，单击"下载"按钮，将证书保存下来，供后续使用。这个证书的后缀名是".cer"。每个人只能申请 2 个证书，证书的有效期是 1 年；1 年后，需要重新申请。

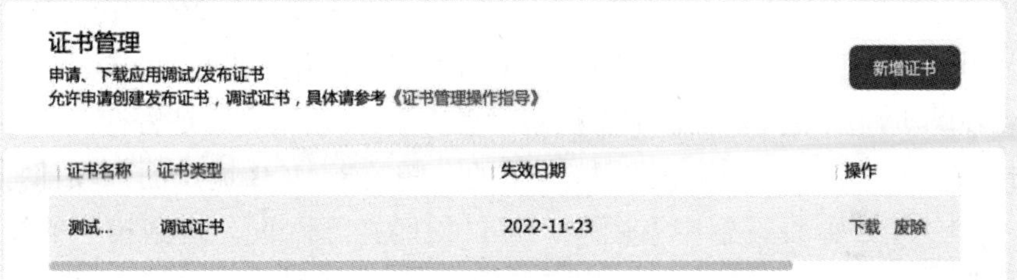

图 3-29　生成证书

然后就是注册设备，在左侧导航栏里面选择"设备管理"，进入设备管理页面，如图 3-30 所示，单击"添加设备"。

图 3-30　添加开发设备

进入如图 3-31 所示的界面，然后添加你自己的真机作为设备，这里的名称可以随便填写，而类型则需要根据你的真机类型进行选择。笔者使用的是手机，所以选择"手机"。设备管理的目的，是让华为知道我们的真机需要用于开发环境，以做一些安全权限上的解锁。

图 3-31 添加开发设备并设置其信息

图 3-31 中的名称、类型都比较好填写，UDID 是设备唯一标识，需要通过命令行工具才能获取。找到你的计算机上的鸿蒙 SDK 的目录，笔者的目录在 /Users/musk/Library/Huawei/sdk/toolchains 中，这个目录有一个 hdc 程序。将你的手机插入计算机，然后运行：

```
#./hdc shell bm get --udid
error: no devices/emulators found
```

如果显示"error: no devices/emulators found"，那么无法获取 UDID。请检查你的手机是否插入计算机，如果插入了，那么检查手机的 USB 调试模式是否打开，必须打开调试模式才能获取相应的 UDID。把图 3-32 中的一些关于 USB 调试的选项都打开，就可以访问到 UDID 了。如果设置中有困难，可以扫码打开网页，找到相应的调式模式打开方法。

图 3-32 打开 USB 调试模式

调试模式打开方法

然后再次执行 hdc 命令：

```
# ./hdc shell bm get --udid
80E0EFE318C5231F1D84F47C5231F1D8996E8C5231F1D84F47289989BD77
```

这次执行成功了，将 80E0EFE318C5231F1D84F47C5231F1D8996E8C5231F1D84F47289989BD77 填入图 3-31 中 UDID 输入框中，就可以注册设备了。设备注册成功界面如图 3-33 所示。

图 3-33　设备注册成功界面

3.3.3　申请项目和应用

申请了证书后，需要在华为官网上注册一个项目和应用。一个项目中可以包含多个应用。这个应用就是我们实际开发的应用，这样华为官网就知道我们有一个应用需要在某台真机上运行了。

首先是创建一个项目，然后在项目中创建一个调试应用，单击"添加项目"按钮，如图 3-34 所示。

图 3-34　创建项目

在图 3-35 中输入项目名称。项目名称可以为中文，也可以为英文。

图 3-35　填写创建项目名称

项目创建成功后,单击左边的菜单 HAP Provision Profile,如图 3-36 所示。

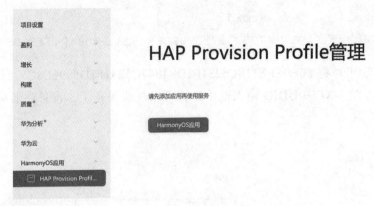

图 3-36 在项目中创建应用

单击"HarmonyOS 应用"创建应用,如图 3-37 所示。

图 3-37 填写创建应用信息

填写下面的一些内容:
- 选择平台:这里选择"APP(HarmonyOS)"。
- 支持设备:选择手机,因为笔者的真机是手机。
- 应用名称:可以随便填写。
- 应用包名:就是应用的包名。
- 应用分类:选择"应用"。
- 默认语言:选择"简体中文"。

应用包名是需要调试的程序的包名,包名在项目的 config.json 文件中。

```
"module": {
    "package": "com.hellodemos.commonevent"
}
```

内容填写完,单击"确认",然后单击图 3-38 的"添加"按钮,在服务器上生成真机相关的信息。

图 3-38　在服务器上生成真机

需要填写的一些信息，如图 3-39 所示。

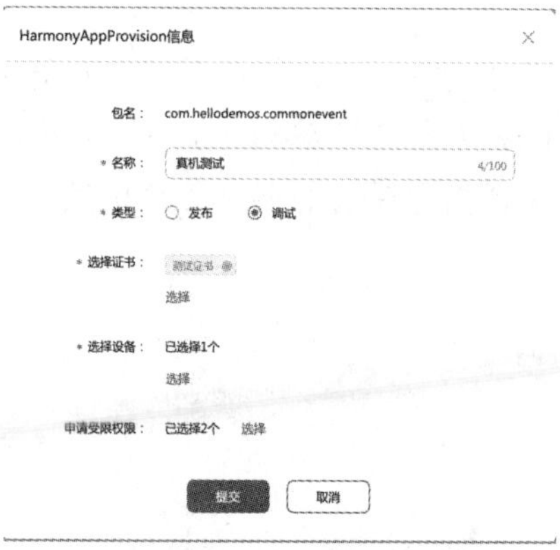

图 3-39　填写生成真机信息

- 名称：这是必填项，可以随便填写。
- 类型：选择"调试"，因为我们只需要在真机上调试，不会到应用商店发布。
- 选择证书：选择前面生成的证书，这里会弹出选择框，让我们选择。
- 选择设备：选择我们前面加入的真机设备。
- 申请受限权限：先全部申请，毕竟只是调试用。

单击"提交"按钮之后，进入如图 3-40 所示界面，单击"下载"按钮，可以将 p7d 文件下载下来。

图 3-40　下载 p7d 文件

经过以上操作后，我们一共有 4 个证书文件（见图 3-41）。其中 huawei1.p12、huawei1.csr 是 DevEco Studio 开发环境中生成的，真机测试 Debug.p7b、测试证书 .cer 是 AppGallery Connect 网站生成的，它们都是证书，目的是保证安装在我们真机上的 App 是有认证的、安全的。

图 3-41　4 个证书文件

3.3.4　在开发环境中配置相关信息

在 DevEco Studio 中配置刚才的证书，就可以将 App 下载到真机上调试了。打开 "File → Project Structure"，在 "Modules → entry（模块名称）→ Signing Configs → debug" 窗口中，配置指定模块的调试签名信息，如图 3-42 所示。

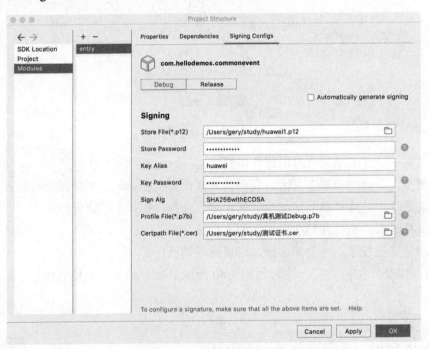

图 3-42　配置模块调试信息

- Store File：选择密钥库文件，文件扩展名为 ".p12"。
- Store Password：输入密钥库密码。
- Key Alias：输入密钥的别名信息。
- Key Password：输入密钥的密码。
- Sign Alg：签名算法，固定为 SHA256withECDSA。

- Profile File：选择申请的调试 Profile 文件，文件扩展名为".p7b"。
- Certpath File：选择申请的调试数字证书文件，文件扩展名为".cer"。

3.3.5 运行程序

经过上面的若干操作后，就可以将手机通过 USB 数据线连接计算机，然后单击运行按钮▶，就可以将本章最开始的程序发送到真机上进行运行了，如图 3-43 所示。

图 3-43　运行应用在测试真机上

3.4　小结

通过本章的学习，你一定对怎么开发一个鸿蒙 App 有了初步的了解，包括创建项目、申请应用开发者账号以及在远程模拟器及真机上运行程序。这些过程比较烦琐，需要我们自己实践一次，才能彻底掌握。大家快开始动手吧。开发一个 Demo 很容易，但是要开发出一个优秀的程序，任重而道远。接下来，我们还有更多的知识需要学习和掌握。

第 4 章
用户界面布局开发

对于鸿蒙 App 来说，布局及界面设计是影响用户体验非常重要的因素，一个好的界面及布局更容易被用户接受。这些年，移动互联网对用户的教育使用户对应用的要求，不再满足于功能层面，他们对界面的美观和易用性提出了更高的要求。在开发 App 之前，一定需要对 App 页面的布局进行设计，这样才可以先聚焦整体，而不快速陷入细节中。本章将主要讲解鸿蒙 App 如何实现布局。

4.1 什么是布局

一个界面由很多控件组成，如文本框、按钮、标签等。如何将这些控件整齐美观地摆放在界面上，使其多而不乱，这就需要使用布局来实现。

4.1.1 布局的分类

一个布局相当于一个容器，布局中可以放置控件或者子布局。通过复杂的嵌套关系，可以实现一个非常复杂的界面。布局与控件之间的嵌套关系如图 4-1 所示。

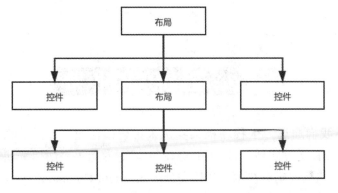

图 4-1　布局嵌套

鸿蒙系统定义了 6 种布局，分别是 DirectionalLayout、DependentLayout、StackLayout、TableLayout、PositionLayout、AdaptiveBoxLayout。

4.1.2 布局的通用参数

学习具体的布局之前，先了解一下布局的参数。布局参数用于定义布局或者控件的大小。布局参数有 3 种取值：

- 具体的数值：如 10px（以像素为单位）、10vp（以虚拟像素为单位）。
- match_parent：表示组件大小将扩展为父组件允许的最大值，它将占据父组件方向上的剩余空间大小，也就是尽可能把父组件占满。
- match_content：表示组件大小与它的内容占据的大小范围相适应，也就是尽可能地节约空间，组件的内容有多大，就尽可能多大。

对于长度单位，我们一般熟悉像素（px），而鸿蒙系统发明了一种虚拟像素单位：vp。虚拟像素（virtual pixel）是一台设备针对应用而言所具有的虚拟尺寸（区别于屏幕硬件本身的像素单位）。它提供了一种灵活的方式来适应不同屏幕密度的显示效果。

要理解这个概念，首先需要理解什么是屏幕密度。屏幕密度表示每英寸有多少个显示点（一英寸等于 2.54 厘米，屏幕密度也表示每 2.54 厘米有多少个显示点）。显然，屏幕密度越大，每英寸的显示点越多，屏幕就越清晰。

如图 4-2 所示，左边这幅图的屏幕密度就小于右边这幅图的屏幕密度。在单位长度下，左边这幅图的像素比右边这幅图的像素小，所以清晰度、细粒度肯定是右边这幅图更胜一筹。

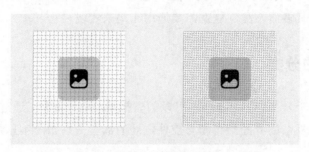

图 4-2　屏幕密度

4.2　布局的程序框架

在本节中，我们通过一个程序框架实例来讲解如何设置布局。实现一个布局，可以用代码或者 XML 文件实现。因为用 XML 实现更为简单，所以先讲解一下如何使用 XML 文件实现。相应代码可在本书代码文件的 chapter4\CommonLayout 中找到，代码下载方法请参考前言。

首先在 DevEco Studio 中新建一个 Empty Ability（Java）项目，然后在 DevEco Studio 的 "Project" 窗口，打开 "entry → src → main → resources → base"，右键单击 "layout" 文件夹，layout 就是布局文件夹。选择 "New → Layout Resource File"，在如图 4-3 所示的界面中将文件命名为 "first_layout"，这样就新建了一个布局文件。

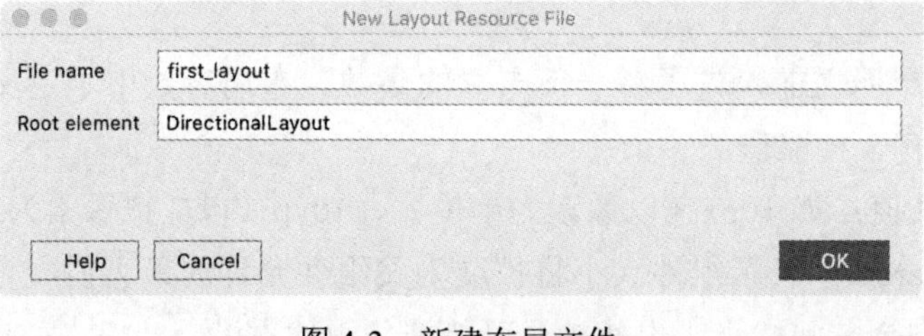

图 4-3　新建布局文件

双击打开 first_layout.xml 布局文件，就能看到这个文件描述了布局和组件的属性及层级关系。

```
<?xml version="1.0" encoding="utf-8"?>
<DirectionalLayout
    xmlns:ohos="http://schemas.huawei.com/res/ohos"
```

```xml
        ohos:height="match_content"
        ohos:width="match_parent"
        ohos:orientation="vertical">

    <Button
            ohos:height="30vp"
            ohos:width="100vp"
            ohos:background_element="$graphic:color_light_gray_element"
            ohos:bottom_margin="3vp"
            ohos:left_margin="15vp"
            ohos:text="Button 1"
            ohos:text_size="16fp"/>

    <Button
            ohos:height="30vp"
            ohos:width="100vp"
            ohos:background_element="$graphic:color_light_gray_element"
            ohos:bottom_margin="3vp"
            ohos:left_margin="15vp"
            ohos:text="Button 2"
            ohos:text_size="16fp"/>

    <Button
            ohos:height="30vp"
            ohos:width="100vp"
            ohos:background_element="$graphic:color_light_gray_element"
            ohos:bottom_margin="3vp"
            ohos:left_margin="15vp"
            ohos:text="Button 3"
            ohos:text_size="16fp"/>
</DirectionalLayout>
```

这个布局文件首先定义了一个方向布局（DirectionalLayout），方向（ohos:orientation）设置为垂直（vertical），布局中有3个按钮，宽度（ohos:width）为100vp，高度（ohos:height）为30vp。最终布局效果如图4-4所示。

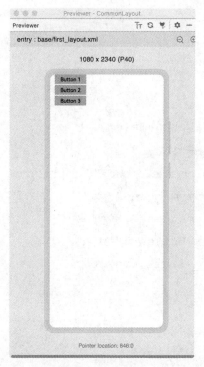

图 4-4 布局效果

然后再创建一个 Java 代码加载 XML 布局文件，在 DevEco Studio 的 "Project" 窗口，打开 "entry → src → main → java → ohos.samples.commonlayout"，右击 "slice" 文件夹，slice 就是包文件夹。选择 "New → Java Class"，命名为 "FirstAbilitySlice"，然后更改代码如下：

```java
package ohos.samples.commonlayout.slice;

import ohos.aafwk.ability.AbilitySlice;
import ohos.aafwk.content.Intent;
import ohos.samples.commonlayout.ResourceTable;

/**
 * AbilitySlice 表示窗口里面的一个页面，具体的页面要集成这个类
 */
public class FirstAbilitySlice extends AbilitySlice {

    @Override
    public void onStart(Intent intent) {
        super.onStart(intent);
        // setUIContent 用于从资源文件中加载一个 xml 文件
```

```
        super.setUIContent(ResourceTable.Layout_first_layout);
    }
}
```

为了打开 FirstAbilitySlice 这个子窗口，需要在 mainabilityslice.xml 这个主窗口布局文件中添加一个按钮用于单击跳转，布局代码如下（其中的省略号代表其他不太重要的控件）：

```
<?xml version="1.0" encoding="utf-8"?>
<DirectionalLayout
    xmlns:ohos="http://schemas.huawei.com/res/ohos"
    ohos:height="match_parent"
    ohos:width="match_parent"
    ohos:orientation="vertical">

    ......

    <Button
        ohos:id="$+id:first_layout_button"
        ohos:height="match_content"
        ohos:width="match_parent"
        ohos:element_right="$media:ic_arrow_right"
        ohos:left_padding="24vp"
        ohos:padding="10vp"
        ohos:text="firstLayout"
        ohos:text_alignment="left"
        ohos:text_size="16vp"/>

</DirectionalLayout>
```

最后，在 MainAbilitySlice.java 文件中添加一个按钮单击事件，当用户单击"firstLayout"这个按钮时，就可以打开 firstLayout 这个布局对应的窗口了，MainAbilitySlice 对应的代码如下：

```
package ohos.samples.commonlayout.slice;

import ohos.samples.commonlayout.ResourceTable;
import ohos.aafwk.ability.AbilitySlice;
import ohos.aafwk.content.Intent;
```

```java
import ohos.agp.components.Component;

/**
 * 主子页面
 */
public class MainAbilitySlice extends AbilitySlice {

    @Override
    public void onStart(Intent intent) {
        super.onStart(intent);
        // 设置主子页面的布局
        super.setUIContent(ResourceTable.Layout_main_ability_slice);
        // 初始化后一些按钮监听事件
        initComponents();
    }


    private void initComponents() {
        // 获取方向布局按钮
        Component showDirectionalLayoutButton = findComponentById(ResourceTable.Id_directional_layout_button);
        // 获取依赖布局按钮
        Component showDependentLayoutButton = findComponentById(ResourceTable.Id_dependent_layout_button);
        // 从布局文件中获取 Id_first_layout_button 按钮,并赋值给 firstLayoutButton 变量
        Component firstLayoutButton = findComponentById(ResourceTable.Id_first_layout_button);
        // 单击按钮,直接跳转到方向布局页面
        showDirectionalLayoutButton.setClickedListener(
                component -> present(new DirectionalLayoutAbilitySlice(), new Intent()));
        showDependentLayoutButton.setClickedListener(
                component -> present(new DependentLayoutAbilitySlice(), new Intent()));
        // 设置 firstLayoutButton 按钮单击事件,打开 FirstAbilitySlice 新窗口
```

```
            firstLayoutButton.setClickedListener(component -> present
(new FirstAbilitySlice(), new Intent()));
        }
    }
```

运行这个程序，首先打开主页面，如图4-5所示。

然后单击"firstLayout"跳到方向布局页面，如图4-6所示。

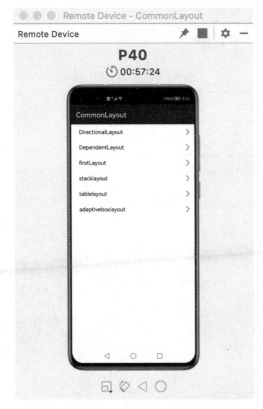

图4-5　程序运行效果

图4-6　第一个布局效果

4.3　方向布局（DirectionalLayout）

在对编写一个布局文件有了整体了解之后，我们在上面那个例子的基础上，来介绍6种布局，首先介绍方向布局（DirectionalLayout）。方向布局是鸿蒙App开发中非常常用的一种布局。这个布局可以使其内部的组件按照水平或者垂直方向排列，从而水平或者垂直地对齐布局内的各种组件。

既然是方向布局，那么一定有一个方向属性。如果设置ohos:orientation为vertical，那么布局中的元素是垂直方向排列的，如果设置ohos:orientation为horizontal，那么控件就是水平排列的。该布局的垂直示意图如图4-7所示。

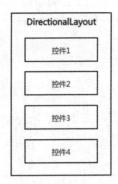

图 4-7　方向垂直布局示意图

该布局的水平示意图如图 4-8 所示。

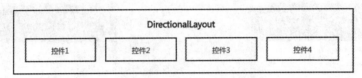

图 4-8　方向水平布局示意图

我们通过实际的代码来理解。下面是一个垂直布局的 XML 布局文件代码：

```xml
<?xml version="1.0" encoding="utf-8"?>
<DirectionalLayout
    xmlns:ohos="http://schemas.huawei.com/res/ohos"
    ohos:height="match_content"
    ohos:width="match_parent"
    ohos:orientation="vertical">

    <Button
        ohos:height="30vp"
        ohos:width="100vp"
        ohos:background_element="$graphic:color_light_gray_element"
        ohos:bottom_margin="3vp"
        ohos:left_margin="15vp"
        ohos:text="Button 1"
        ohos:text_size="16fp"/>

    <Button
        ohos:height="30vp"
        ohos:width="100vp"
        ohos:background_element="$graphic:color_cyan_element"
```

```
            ohos:bottom_margin="3vp"
            ohos:left_margin="15vp"
            ohos:text="Button 2"
            ohos:text_size="16fp"/>

    <Button
            ohos:height="30vp"
            ohos:width="100vp"
            ohos:background_element="$graphic:color_light_gray_element"
            ohos:bottom_margin="3vp"
            ohos:left_margin="15vp"
            ohos:text="Button 3"
            ohos:text_size="16fp"/>
</DirectionalLayout>
```

这个例子由一个方向布局(DirectionalLayout)和3个按钮(Button)组成，效果如图4-9所示。

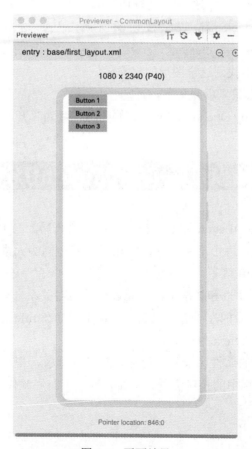

图4-9　页面效果

下面介绍一下关于布局的一些通用属性，这些属性也适合于其他布局。

- xmlns:ohos="http://schemas.huawei.com/res/ohos" 中的 xmlns 是 XML namespace 的缩写，也就是 XML 命名空间，这里定义了 ohos 这个标识，后续的 XML 文件的属性都需要用这个标识作为前缀。这样做的好处是：如果在一个 XML 中出现了 2 个 width 属性，表示不同的语义，就可以再声明一个命名空间。例如小果是小果的命名空间，小铭是小铭的命名空间，互不干扰。
- ohos:height 表示布局的高度，取值单位和 ohos:width 一致。
- ohos:width 表示布局的宽度，width 表示一个组件的宽度，宽度 = 右边缘的位置 - 左边缘的位置。可以取值"match_parent"、"match_content"、像素值等。
- ohos:orientation 表示布局的方向，可以取值水平（horizontal）、垂直（vertical）。这个属性是 DirectionalLayout 独有的，其他布局设置方向都不会生效。

在上面的 XML 文件实例中，DirectionalLayout 中有 3 个按钮，我们介绍一下按钮（Button）控件的一些属性，便于读者理解。

- ohos:width 表示按钮的宽度，这里设置的是"100vp"，vp 的含义在前面已经讲解过。
- ohos:height 表示按钮的高度，这里设置的是"30vp"。
- ohos:bottom_margin 表示按钮的下边框边距的大小，这里设置的是"3vp"。
- ohos:left_margin 表示按钮的左边框边距的大小，这里设置的是"15vp"。
- ohos:background_element 表示按钮的背景颜色，这里引用了一个图形元素"$graphic:colorcyan_element"，表示一种带颜色的图形，可以在 resources/graphic 文件夹中找到这个图形的定义。
- ohos:text 表示按钮显示的文字。

ohos 是 OpenHarmony Operating System 的简写，意为"开放鸿蒙操作系统"。

4.4 依赖布局（DependentLayout）

依赖布局（DependentLayout）是一种相对定位的布局。与 DirectionalLayout 相比，它拥有更多的排布方式，每个组件可以指定相对于其他同级元素的位置，或者指定相对于父组件的位置。图 4-10 就是一个依赖布局的效果。

图 4-10 中有 3 个文本框和 2 个按钮，通过使用相对关系来布局。其中顶部的是标题 title，目录 Catalog 在 title 的左下方，内容 Content 部分在 title 的右下方。按钮 Previous 在 Content 的下方，按钮 Next 也在 Content 的下方。

依赖布局用于定位的属性比较多，但是比较容易理解，根据依赖布局中子布局的位置属性来决定其所在布局中的相对位置。下面来看一下布局源代码：

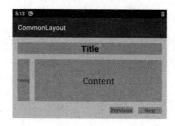

图 4-10 依赖布局效果

```
<?xml version="1.0" encoding="utf-8"?>
<DependentLayout
    xmlns:ohos="http://schemas.huawei.com/res/ohos"
    ohos:height="match_content"
    ohos:width="match_parent"
    ohos:background_element="$graphic:color_light_gray_element">

    <Text
        ohos:id="$+id:title_text"
        ohos:height="match_content"
        ohos:width="match_parent"
        ohos:background_element="$graphic:color_gray_element"
        ohos:left_margin="15vp"
        ohos:right_margin="15vp"
        ohos:text="Title"
        ohos:text_alignment="horizontal_center"
        ohos:text_size="25fp"
        ohos:text_weight="1000"
        ohos:top_margin="15vp"/>

    <Text
        ohos:id="$+id:catalog_text"
        ohos:height="120vp"
```

```xml
        ohos:width="match_content"
        ohos:align_parent_left="true"
        ohos:background_element="$graphic:color_gray_element"
        ohos:below="$id:title_text"
        ohos:bottom_margin="15vp"
        ohos:left_margin="15vp"
        ohos:multiple_lines="true"
        ohos:right_margin="15vp"
        ohos:text="Catalog"
        ohos:text_alignment="center"
        ohos:text_font="serif"
        ohos:text_size="10vp"
        ohos:top_margin="15vp"/>

    <Text
        ohos:id="$+id:content_text"
        ohos:height="120vp"
        ohos:width="match_parent"
        ohos:background_element="$graphic:color_gray_element"
        ohos:below="$id:title_text"
        ohos:bottom_margin="15vp"
        ohos:end_of="$id:catalog_text"
        ohos:right_margin="15vp"
        ohos:text="Content"
        ohos:text_alignment="center"
        ohos:text_font="serif"
        ohos:text_size="25fp"
        ohos:top_margin="15vp"/>

    <Button
        ohos:id="$+id:previous_button"
        ohos:height="match_content"
        ohos:width="70vp"
        ohos:background_element="$graphic:color_gray_element"
        ohos:below="$id:content_text"
        ohos:bottom_margin="15vp"
        ohos:italic="false"
```

```xml
        ohos:left_of="$id:next_button"
        ohos:right_margin="15vp"
        ohos:text="Previous"
        ohos:text_font="serif"
        ohos:text_size="15fp"
        ohos:text_weight="5"/>

    <Button
        ohos:id="$+id:next_button"
        ohos:height="match_content"
        ohos:width="70vp"
        ohos:align_parent_right="true"
        ohos:background_element="$graphic:color_gray_element"
        ohos:below="$id:content_text"
        ohos:bottom_margin="15vp"
        ohos:italic="false"
        ohos:right_margin="15vp"
        ohos:text="Next"
        ohos:text_font="serif"
        ohos:text_size="15fp"
        ohos:text_weight="5"/>
</DependentLayout>
```

上面的例子中，首先设置了 DependentLayout 的宽度为 match-parent，表示和父窗口宽度一致，这里就是最大宽度。高度设置为 match-content，表示子组件占用了多少高度，就是多少高度，完全包裹内容区域。

DependentLayout 中的 id 为 title_text 的第一个文本框，由于未设置任何相对属性，它就被放在了 DependentLayout 的顶部，顶部左上点是所有布局的原点。

id 为 catalog-text 的第二个文本框，设置了 ohos:align-parent-left 为"true"，表示在父布局的左边；还设置了 ohos:below 为"$id:title-text"，表示在第一个文本框下方。

id 为 content-text 的第三个文本框，同样设置了 ohos:below 为"$id:title-text"，表示在第一个文本框下方。同时设置了 ohos:end_of 为"$id:catalog-text"，表示在第二个文本框的结尾处，这里第二个文本框的结尾处，就是它的右边位置。

id 为 previous-button 的第一个按钮，设置了 ohos:below 为"$id:content-text"，表示在第三个文本框下方，同时设置了 ohos:left-of 为"$id:next-button"，表示在最后一个按钮左边。

id 为 next-button 的第二个按钮，设置了 ohos:align-parent-right 为"true"，表示这

个按钮的右边对齐父组件的右边,同时设置了 ohos:below 为"$id:content-text",表示其在第三个文本框的下方。

通过这些相对位置的设置,就可以实现图 4-10 中的布局了。从这个例子可以发现,DependentLayout 有两种设置位置的方法:

- DependentLayout 的子组件相对于其兄弟组件的位置。
- DependentLayout 的子组件相对于 DependentLayout 本身的位置。

相对于兄弟组件,就是定位是先找到兄弟组件,再看当前组件在兄弟组件的上面还是下面,左边还是右边。6 个相关属性如表 4-1 所示。

表 4-1 相对于兄弟组件的属性

布局属性	备注	例子
above	处于兄弟组件的上面	ohos:above="$id:component_id"
below	处于兄弟组件的下面	ohos:below="$id:component_id"
start_of	处于兄弟组件的开始侧	ohos:start_of="$id:componentid"
end_of	处于兄弟组件的结束侧	ohos:end_of="$id:componentid"
left_of	处于兄弟组件的左边	ohos:left_of="$id:componentid"
right_of	处于兄弟组件的右边	ohos:right_of="$id:componentid"

DependentLayout 的子组件相对于 DependentLayout 本身的位置可以通过几个关键字设置,这几个关键字取值都是布尔值,如表 4-2 所示。

表 4-2 相对于父组件的属性

布局属性	备注	例子
align_parent_left	将左边缘与父组件的左边缘对齐	ohos:align_parent_left="true"
align_parent_right	将右边缘与父组件的右边缘对齐	ohos:align_parent_right="true"
align_parent_start	处于父组件的起始侧	ohos:align_parent_start="true"
align_parent_end	将结束边与父组件的结束边对齐	ohos:align_parent_end="true"
align_parent_top	将上边缘与父组件的上边缘对齐	ohos:align_parent_top="true"
align_parent_bottom	将底边与父组件的底边对齐	ohos:align_parent_bottom="true"
center_in_parent	处于父组件的中心	ohos:center_in_parent="true"

4.5 堆栈布局(StackLayout)

堆栈布局(StackLayout)直接在屏幕上开辟出一块空白的区域。添加到这个布局中的视图都是以层叠的方式显示的,第一个添加到布局中的视图显示在最底层,最后一个被放在最顶层。上一层的视图会遮挡住下一层的视图,如图 4-11 所示。

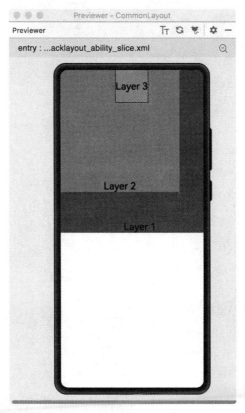

图 4-11　堆栈布局效果

这个例子在 StackLayout 中放置了 3 个文本框，分别是 Layer 1、Layer 2 和 Layer 3。最先出现在 StackLayout 中的 Layer 1 放置在最底部，为了让后面放置的不完全遮挡住前面的文本框，将 Layer 1 设置为最大，Layer 2 设置为中等大小，Layer 3 设置为最小。

```xml
<?xml version="1.0" encoding="utf-8"?>
<StackLayout
  xmlns:ohos="http://schemas.huawei.com/res/ohos"
  ohos:height="match_parent"
  ohos:width="match_parent"
  ohos:orientation="vertical">

  <Text
    ohos:id="$+id:text_blue"
    ohos:text_alignment="bottom|horizontal_center"
    ohos:text_size="24fp"
    ohos:text="Layer 1"
    ohos:height="400vp"
    ohos:width="400vp"
```

```xml
    ohos:background_element="#3F56EA"/>

<Text
    ohos:id="$+id:text_light_purple"
    ohos:text_alignment="bottom|horizontal_center"
    ohos:text_size="24fp"
    ohos:text="Layer 2"
    ohos:height="300vp"
    ohos:width="300vp"
    ohos:background_element="#00AAEE"/>

<Text
    ohos:id="$+id:text_orange"
    ohos:text_alignment="center"
    ohos:text_size="24fp"
    ohos:text="Layer 3"
    ohos:height="80vp"
    ohos:width="80vp"
    ohos:background_element="#00BFC9"
    ohos:layout_alignment="horizontal_center"/>

</StackLayout>
```

在这段 XML 布局代码中，分别为 Text 设置了不同的背景颜色，通过它们的最终显示效果（见图 4-11），你应该知道 StackLayout 的布局作用了。

默认情况下，如果 Text 没有设置位置的话，起始位置都是在屏幕左上角，如 Layer 1、Layer 2 的起始位置都是在屏幕左上角。Layer 3 设置 ohos:layout-alignment 对齐属性，表示相对于父组件 StackLayout 的对齐方式，这里是水平居中 horizontal-center。layout_alignment 对齐属性还可以取其他值，如表 4-3 所示。

表 4-3　子组件对齐方式

取值	说明	举例
left	子组件对齐 StackLayout 的左边	ohos:layout_alignment="left"
top	子组件对齐 StackLayout 的顶部	ohos:layout_alignment="top"
right	子组件对齐 StackLayout 的右边	ohos:layout_alignment="right"
bottom	子组件对齐 StackLayout 的底边	ohos:layout_alignment="bottom"
horizontal_center	子组件在 StackLayout 中水平居中	ohos:layout_alignment="horizontal_center"
vertical_center	子组件在 StackLayout 中垂直居中	ohos:layout_alignment="vertical_center"
center	子组件在 StackLayout 中水平和垂直居中	ohos:layout_alignment="center"

4.6 表格布局（TableLayout）

表格布局（TableLayout）用于将子组件以表格的形式整齐地摆放在界面中。这种布局并不常见，但是在某些特殊的场景中，使用起来非常方便，例如计算器程序的计算界面和 Excel 表格。表格是由行和列组成的，在表格布局时，为了美观，尽可能让每一行有相同的列，或者通过合并列的方式来让不同行之间对齐。使用表格能让界面的设计更整齐清爽，但是也可能失去一些灵活性，所以需要工程师根据用户界面进行评估，并做出合理的选择。下面就是一个表格布局示例，表格中有 4 个文本框，如图 4-12 所示。

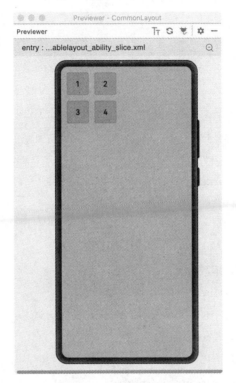

图 4-12　表格布局效果

这个表格布局的 XML 代码如下：

```
<?xml version="1.0" encoding="utf-8"?>
<TableLayout
    xmlns:ohos="http://schemas.huawei.com/res/ohos"
    ohos:height="match_parent"
    ohos:width="match_parent"
    ohos:background_element="#87CEEB"
    ohos:layout_alignment="horizontal_center"
    ohos:padding="8vp"
    ohos:row_count="2"
```

```xml
    ohos:column_count="2">
    <Text
        ohos:height="60vp"
        ohos:width="60vp"
        ohos:background_element="$graphic:table_text_bg_element"
        ohos:margin="8vp"
        ohos:text="1"
        ohos:text_alignment="center"
        ohos:text_size="20fp"/>

    <Text
        ohos:height="60vp"
        ohos:width="60vp"
        ohos:background_element="$graphic:table_text_bg_element"
        ohos:margin="8vp"
        ohos:text="2"
        ohos:text_alignment="center"
        ohos:text_size="20fp"/>

    <Text
        ohos:height="60vp"
        ohos:width="60vp"
        ohos:background_element="$graphic:table_text_bg_element"
        ohos:margin="8vp"
        ohos:text="3"
        ohos:text_alignment="center"
        ohos:text_size="20fp"/>

    <Text
        ohos:height="60vp"
        ohos:width="60vp"
        ohos:background_element="$graphic:table_text_bg_element"
        ohos:margin="8vp"
        ohos:text="4"
        ohos:text_alignment="center"
        ohos:text_size="20fp"/>
</TableLayout>
```

本例中，TableLayout 作为最外层布局，将高度和宽度均设置为"match_parent"，表示和父窗口一样大小。为了更直观地看到 TableLayout 所占用的空间，我们设置背景颜色 ohos:background_element 为蓝色，可以发现它占据了整个窗口。

TableLayout 被分为了 2 行 2 列，每一行放 2 个文本框，一共 4 个文本框。ohos:row_count 属性为 2，表示表格有 2 行，ohos:column_count 属性为 2，表示有 2 列。设置了几行几列后，我们向 TableLayout 表格布局中添加 4 个 Text 即可。

如果表格布局中的子控件多于设计设置的控件个数，这里取行和列的乘积为 4，这时候会优先满足 ohos:row_count 的值。例如，我们又向 TableLayout 加入了 3 个 Text 控件。多出的控件 2 个为一行，直接排在了后面，如图 4-13 所示。

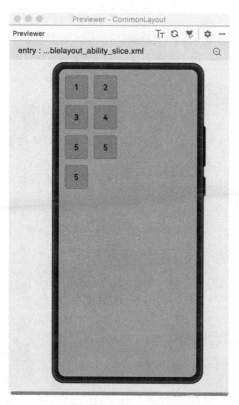

图 4-13 表格布局效果（加入 3 个 Text 控件）

4.7 位置布局（PositionLayout）

PositionLayout 是位置布局，子组件通过指定准确的 x 和 y 坐标值在屏幕上显示。在鸿蒙坐标系中，（0,0）为左上角，横向是 x 坐标，纵向是 y 坐标，当向下或向右移动时，坐标值变大，如图 4-14 所示。

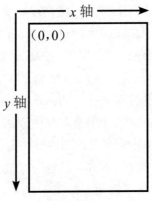

图 4-14 位置布局坐标

本节定义了一个位置布局示例（表格中有 2 个文本框），这个位置布局的 XML 代码如下：

```xml
<?xml version="1.0" encoding="utf-8"?>
<PositionLayout
    xmlns:ohos="http://schemas.huawei.com/res/ohos"
    ohos:id="$+id:position"
    ohos:height="match_parent"
    ohos:width="300vp"
    ohos:background_element="#3387CEFA">

    <Text
        ohos:id="$+id:position_text_1"
        ohos:height="50vp"
        ohos:width="200vp"
        ohos:background_element="#9987CEFA"
        ohos:text="Title"
        ohos:text_alignment="center"
        ohos:position_x="120"
        ohos:position_y="150"
        ohos:text_size="20fp"/>

    <Text
        ohos:id="$+id:position_text_2"
        ohos:height="200vp"
        ohos:width="200vp"
        ohos:background_element="#9987CEFA"
```

```
            ohos:text="Content"
            ohos:text_alignment="center"
            ohos:position_x="200"
            ohos:position_y="250"
            ohos:text_size="20fp"/>

</PositionLayout>
```

PositionLayout 允许组件之间互相重叠，效果如图 4-15 所示。

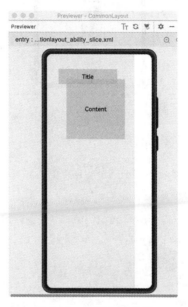

图 4-15　位置布局效果

本例中，PositionLayout 作为最外层布局，将高度设置为"match-parent"，表示和父窗口一样大小，宽度为 300vp。为了更清楚地看到 TableLayout 所占用的空间，我们设置背景颜色 ohos:backgroundel_ement 为浅蓝色，它为图中最大的浅蓝色区域。

本例中两个文本框都是左上角的顶点坐标默认为（0,0），第一个文本框高为 50vp，宽为 200vp，颜色为蓝色，文本内容为 Title。第二个文本框高为 200vp，宽为 200vp，颜色为蓝色，文本内容为 Content。对文本框组件设置 ohos:position_x 和 ohos:position_y 属性来确定左上角顶点的起始位置。

4.8　自适应盒子布局（AdaptiveBoxLayout）

自适应盒子布局（AdaptiveBoxLayout）提供了在不同屏幕尺寸设备上的自适应布局能力，主要用于相同级别的多个组件需要在不同屏幕尺寸设备上自动调整列数的场景，效果如图 4-16 所示。

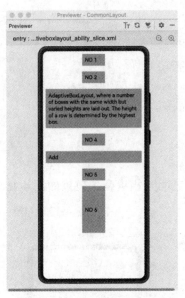

图 4-16 自适应盒子布局效果

自适应盒子布局的 XML 代码如下：

```xml
<?xml version="1.0" encoding="utf-8"?>
<AdaptiveBoxLayout
    xmlns:ohos="http://schemas.huawei.com/res/ohos"
    ohos:height="match_parent"
    ohos:width="match_parent"
    ohos:orientation="horizontal">
    <Text
        ohos:height="40vp"
        ohos:width="80vp"
        ohos:background_element="#EC9DAA"
        ohos:margin="10vp"
        ohos:padding="10vp"
        ohos:text="NO 1"
        ohos:text_size="18fp"/>

    <Text
        ohos:height="40vp"
        ohos:width="80vp"
        ohos:background_element="#EC9DAA"
        ohos:margin="10vp"
        ohos:padding="10vp"
        ohos:text="NO 2"
```

```
        ohos:text_size="18fp"/>

    <Text
        ohos:height="match_content"
        ohos:width="match_content"
        ohos:background_element="#EC9DAA"
        ohos:margin="10vp"
        ohos:padding="10vp"
        ohos:multiple_lines="true"
        ohos:text="AdaptiveBoxLayout, where a number of boxes with the same width but varied heights are laid out. The height of a row is determined by the highest box."
        ohos:text_size="18fp"/>

    <Text
        ohos:height="40vp"
        ohos:width="80vp"
        ohos:background_element="#EC9DAA"
        ohos:margin="10vp"
        ohos:padding="10vp"
        ohos:text="NO 4"
        ohos:text_size="18fp"/>

    <Text
        ohos:height="40vp"
        ohos:width="match_parent"
        ohos:background_element="#EC9DAA"
        ohos:margin="10vp"
        ohos:padding="10vp"
        ohos:text="Add"
        ohos:text_size="18fp"/>

    <Text
        ohos:height="40vp"
        ohos:width="80vp"
        ohos:background_element="#EC9DAA"
        ohos:margin="10vp"
```

```
        ohos:padding="10vp"
        ohos:text="NO 5"
        ohos:text_size="18fp"/>

    <Text
        ohos:height="160vp"
        ohos:width="80vp"
        ohos:background_element="#EC9DAA"
        ohos:margin="10vp"
        ohos:padding="10vp"
        ohos:text="NO 6"
        ohos:text_size="18fp"/>
</AdaptiveBoxLayout>
```

本例中，AdaptiveBoxLayout 布局，将宽度设置为"match_parent"，表示和父窗口一样大小，高度为0vp。该布局中的每个子组件都用一个单独的"盒子"装起来，子组件设置的布局参数都是以盒子作为父布局生效，不以整个自适应布局为生效范围。该布局中每个盒子的宽度固定为布局总宽度除以自适应得到的列数，高度为"match_content"，每一行中的所有盒子按高度最高的进行对齐。该布局水平方向是自动分块，因此水平方向不支持"match_content"，布局水平宽度仅支持"match_parent"或固定宽度。自适应仅在水平方向进行了自动分块，纵向没有做限制，因此如果某个子组件的高设置为"match_parent"类型，可能导致后续行无法显示。

本例中7个文本框都是内边距属性 ohos:padding、外边距属性 ohos:margin 为10vp，内边距即文本边缘与文本框边缘的距离，外边距即文本框边缘和盒子边缘的距离。其中第三个文本的高和宽为"match_content"，意思是大小随着文本内容多少而改变。

4.9 小结

虽然本章的知识较多，但是都比较简单，概念较少。大家只需要理解基本的布局原理，然后多动手实验，多使用不同的属性来预览界面的变化，就能够熟练掌握布局的方法了。通过布局，能为用户提供灵活精美的界面，从而提高软件的体验。另外，如果鸿蒙提供的这几种布局不能满足你的要求，那么还可以嵌套几种布局，通过嵌套布局能实现更多样的界面效果。最后，还可以通过自定义界面布局的方式，用代码来实现自己需要的布局。自定义方式几乎可以生成所有的界面样式，UX 工程师不会再因为界面布局受限而不能发挥想象力了，从此，你可以自豪地对 UX 工程师说：你负责美，我负责制造美。

读者可以扫码进入本书交流平台，查看更多学习资料。

第 5 章
常用 UI 组件开发

经过数十年来互联网对用户生活的影响,我们越来越重视应用程序的美观和交互,以及用户体验。一款好的软件需要有优秀的界面设计才能将功能的价值体现得淋漓尽致。美观易用的界面能让用户的黏性增加,吸引用户的使用。鸿蒙开发框架提供了大量的 UI 组件,如果我们能灵活地使用它们,就能够开发出各种惊艳的界面效果,从而提升整个软件的品质。在本章中,针对鸿蒙的界面开发,我们将主要介绍一些 UI 组件的使用方法及技巧。

本章的所有代码都能够在本书代码文件的 chapter5 中找到。鸿蒙提供了大量的 UI 组件,包括文本标签组件(Text)、按钮组件(Button)、文本框组件(TextField)等,我们以几个实例介绍这些组件的使用,读者可以举一反三,学会其他组件的使用。

5.1 文本标签（Text）组件

文本标签（Text）是用来显示字符串的 UI 组件，该组件的作用是显示一段文字。Text 组件是最基本的 UI 组件，它是很多其他组件的基类，通过 Text 组件，可以产生按钮（Button）、文本框（TextFiled）、单选按钮（RadioButton）等组件。

本节使用了一个例子来讲解 Text 和 Button 组件的用法，该例子效果如图 5-1 所示。相应代码可在本书代码文件的 chapter5\UIComponents 中找到，代码下载方法请参考前言。

图 5-1　Text 组件效果示例图

在 Resources 中的 layout 文件夹中，新建 textmainability.xml 文件表示文本组件的布局，用 Text 表示文本标签组件，代码如下：

```xml
<?xml version="1.0" encoding="utf-8"?>
<DirectionalLayout
    xmlns:ohos="http://schemas.huawei.com/res/ohos"
    ohos:height="match_parent"
    ohos:width="match_parent"
    ohos:alignment="horizontal_center"
    ohos:orientation="vertical">


    <Text
        ohos:id="$+id:text1"
```

```xml
        ohos:height="match_content"
        ohos:width="match_content"
        ohos:background_element="$graphic:color_gray_element"
        ohos:text="hellodemos.com"
        ohos:text_alignment="center"
        ohos:text_size="28fp"
        ohos:top_margin="10vp"/>

    <Text
        ohos:id="$+id:text2"
        ohos:height="match_content"
        ohos:width="match_content"
        ohos:background_element="$graphic:text_element"
        ohos:text="hellodemos.com"
        ohos:text_alignment="center"
        ohos:text_size="28fp"
        ohos:top_margin="10vp"/>

    <Text
        ohos:id="$+id:text3"
        ohos:height="match_content"
        ohos:width="match_content"
        ohos:background_element="$graphic:text_element"
        ohos:bottom_margin="15vp"
        ohos:left_margin="15vp"
        ohos:left_padding="15vp"
        ohos:right_padding="15vp"
        ohos:text="hellodemos.com"
        ohos:text_alignment="center"
        ohos:text_color="blue"
        ohos:text_size="28fp"
        ohos:top_margin="10vp"/>

    <Text
        ohos:id="$+id:text4"
        ohos:height="match_content"
        ohos:width="match_content"
        ohos:background_element="$graphic:text_element"
```

```xml
        ohos:bottom_margin="15vp"
        ohos:italic="true"
        ohos:left_margin="15vp"
        ohos:left_padding="15vp"
        ohos:right_padding="15vp"
        ohos:text="hellodemos.com"
        ohos:text_alignment="center"
        ohos:text_color="blue"
        ohos:text_font="serif"
        ohos:text_size="28fp"
        ohos:text_weight="700"
        ohos:top_margin="10vp"/>

<Text
        ohos:id="$+id:text5"
        ohos:height="100vp"
        ohos:width="300vp"
        ohos:background_element="$graphic:text_element"
        ohos:bottom_margin="15vp"
        ohos:italic="true"
        ohos:left_margin="15vp"
        ohos:left_padding="15vp"
        ohos:right_padding="15vp"
        ohos:text="hellodemos.com"
        ohos:text_alignment="horizontal_center|bottom"
        ohos:text_color="blue"
        ohos:text_font="serif"
        ohos:text_size="28fp"
        ohos:text_weight="700"
        ohos:top_margin="10vp"/>

<Text
        ohos:id="$+id:text6"
        ohos:height="match_content"
        ohos:width="75vp"
        ohos:background_element="$graphic:text_element"
        ohos:italic="true"
```

```xml
        ohos:max_text_lines="2"
        ohos:multiple_lines="true"
        ohos:text="hellodemos.com"
        ohos:text_alignment="center"
        ohos:text_color="blue"
        ohos:text_font="serif"
        ohos:text_size="28fp"
        ohos:text_weight="700"
        ohos:top_margin="10vp"/>

<Text
        ohos:id="$+id:text_automated"
        ohos:height="match_content"
        ohos:width="90vp"
        ohos:auto_font_size="true"
        ohos:background_element="$graphic:text_element"
        ohos:italic="true"
        ohos:left_padding="8vp"
        ohos:max_text_lines="1"
        ohos:min_height="30vp"
        ohos:multiple_lines="true"
        ohos:right_padding="8vp"
        ohos:text="hellodemos.com"
        ohos:text_alignment="center"
        ohos:text_color="blue"
        ohos:text_font="serif"
        ohos:text_weight="700"
        ohos:top_margin="10vp"/>

<Text
        ohos:id="$+id:text_lantern"
        ohos:height="match_content"
        ohos:width="75vp"
        ohos:background_element="$graphic:text_element"
        ohos:italic="true"
        ohos:text="hellodemos.com"
        ohos:text_alignment="center"
```

```xml
            ohos:text_color="blue"
            ohos:text_font="serif"
            ohos:text_size="28fp"
            ohos:text_weight="700"
            ohos:top_margin="10vp"/>

    <Button
        ohos:id="$+id:start_txt_example"
        ohos:height="match_content"
        ohos:width="match_parent"
        ohos:element_right="$media:ic_arrow_right"
        ohos:left_padding="24vp"
        ohos:padding="10vp"
        ohos:text="另一种样式的Text案例窗口"
        ohos:text_alignment="left"
        ohos:text_size="18fp"/>
</DirectionalLayout>
```

上述XML文件中定义了几个Text，Text组件的基本属性如表5-1所示，熟悉这些属性，对理解组件的样式非常重要，如组件的id、颜色、宽度、高度、显示文本等。

表5-1 Text组件的属性及其含义

属性	含义
id	控件id。用以识别不同控件对象，每个控件唯一。其值为integer类型
width	宽度，必填项。其值可以为float类型[单位为px（屏幕物理像素）/vp（屏幕密度相对像素）/fp（字体像素），默认为px]，也可以为"match-parent"（表示控件宽度与其父控件去掉内部边距后的宽度相同）或"match-content"（表示控件宽度由其包含的内容决定，包括其内容的宽度以及内部边距的总和）
height	高度，必填项。其值可以为float类型（单位为px/vp/fp，默认为px），也可以为"match-parent"（表示控件高度与其父控件去掉内部边距后的高度相同）或"match-content"（表示控件高度由其包含的内容决定，包括其内容的高度以及内部边距的总和）
background_element	背景图层。其值为Element类型。可直接配置色值，也可引用color资源或引用media/graphic下的图片资源
text	显示文本。其值为string类型
text_alignment	文本对齐方式。其值可以为left（靠左对齐）、top（靠顶部对齐）、right（靠右对齐）、bottom（靠底部对齐）、horizontal_center（水平居中对齐）、vertical_center（垂直居中对齐）、center（居中对齐）、start（靠起始端对齐）、end（靠结尾端对齐）
text_size	文本大小。其值为float类型（单位为px/vp/fp，默认为px）
top_margin	上外边距。其值为float类型（单位为px/vp/fp，默认为px）
bottom_margin	下外边距。其值为float类型（单位为px/vp/fp，默认为px）

续表

属性	含义
left_margin	左外边距。其值为 float 类型（单位为 px/vp/fp，默认为 px）
right_margin	右外边距。其值为 float 类型（单位为 px/vp/fp，默认为 px）
text_weight	文本宽度。其值为 integer 类型
text_font	字体。其值可以为：sans-serif、sans-serif-medium、HwChinese-medium、sans-serif-condensed、sans-serif-condensed-medium、monospace
text_color	文本颜色。可以直接设置色值，也可以引用 color 资源
italic	文本字体是否斜体。其值为 boolean 类型
multiple_lines	多行模式设置。其值为 boolean 类型
max_text_lines	文本最大行数。其值为 integer 类型
left_padding	左内间距。其值为 float 类型（单位为 px/vp/fp，默认为 px）
right_padding	右内间距。其值为 float 类型（单位为 px/vp/fp，默认为 px）
top_padding	上内间距。其值为 float 类型（单位为 px/vp/fp，默认为 px）
bottom_padding	下内间距。其值为 float 类型（单位为 px/vp/fp，默认为 px）

5.1.1 id 属性

在 XML 中使用此格式声明一个对开发者友好的 id，它会在编译过程中转换成一个常量。布局中的各个组件通常要设置独立的 id，以便在程序中查找该组件。如果布局中有不同组件设置了相同的 id，在通过 id 查找组件时会返回查找到的第一个组件，因此尽量保证在所要查找的布局中为组件设置独立的 id 值，避免出现与预期不符的问题。

```
ohos:id="$+id:text"
```

5.1.2 设置背景

上面的主布局文件中将 background_element 的值设为引用类型，指向 graphic 下的 color_gray_element 资源，表示一种灰色。

```
ohos:background_element="$graphic:color_gray_element"
```

接着在 Resources/base/graphic 文件夹中创建 colorgrayelement.xml 文件，这个文件定义了文本标准的背景色，内容如下：

```xml
<?xml version="1.0" encoding="UTF-8" ?>
<shape xmlns:ohos="http://schemas.huawei.com/res/ohos"
       ohos:shape="rectangle">
    <corners
        ohos:radius="30"/>
```

```xml
        <solid
            ohos:color="#ff888888"/>
</shape>
```

- 第一行为 XML 的版本及编码信息。
- ohos:shape 定义了具体的形状，这里是 rectangle（矩形），还可以为 oval（椭圆）、line（线）。
- shape 的子元素 corners 表示矩形的四角是圆角，其属性 ohos:radius 表示圆角半径大小为 30。
- shape 的子元素 solid 表示实心填充，填充色是灰色（#ff888888）。

5.1.3　为 Text 设置单击事件

为组件设置单击事件非常简单，只需要通过 AbilitySlice 类的 findComponentById( ) 函数找到组件的引用，然后调用组件的 setClickedListener 方法，就可以设置单击监听事件了。以代码中的 MainAbilitySlice 类为例：

```java
public class MainAbilitySlice extends AbilitySlice {

    @Override
    public void onStart(Intent intent) {
        super.onStart(intent);
        super.setUIContent(ResourceTable.Layout_main_ability_slice);
        initComponents();
    }

    private void initComponents() {
        Component startShowText = findComponentById (ResourceTable.Id_start_text);
        startShowText.setClickedListener(component -> startText());
    }

    private void startText() {
        Intent intent = new Intent();
        this.present(new TextAbilitySlice(), intent);
    }
}
```

这里最重要的是 findComponentById( ) 和 setClickedListener( ) 函数。

findComponentById( ) 函数用于通过 id 寻找 XML 文件中对应的组件，其原型如下：

```
public <T extends Component> T findComponentById(int resId)
```

输入参数：
- resId：指定组件的资源 id。

返回值：
- 如果找到了 id 对应的组件，返回该组件对象；否则返回 null。

setClickedListener( ) 函数用于为指定组件注册设置单击监听事件，其原型如下：

```
public void setClickedListener(Component.ClickedListener listener)
```

输入参数：
- listener：单击事件的监听器，这个监听器实现了单击事件函数。

5.2 按钮（Button）组件

按钮（Button）也是经常使用的组件。示例布局文件中定义了若干个按钮，并为不同按钮设置了不同的形状，如图 5-2 所示。相应代码可在本书代码文件的 chapter5\UIComponents 中找到。

图 5-2　Button 组件效果示例图

XML 布局文件如下：

```xml
<?xml version="1.0" encoding="utf-8"?>
<DirectionalLayout
    xmlns:ohos="http://schemas.huawei.com/res/ohos"
    ohos:height="match_parent"
    ohos:width="match_parent"
    ohos:alignment="horizontal_center"
    ohos:orientation="vertical">

    <Button
        ohos:id="$+id:btn_base"
        ohos:height="50vp"
        ohos:width="150vp"
        ohos:background_element="$graphic:color_blue_element"
        ohos:bottom_margin="15vp"
        ohos:layout_alignment="horizontal_center"
        ohos:left_margin="15vp"
        ohos:left_padding="8vp"
        ohos:right_padding="8vp"
        ohos:text=" 按钮 button"
        ohos:text_size="18fp"
        ohos:top_margin="10vp"/>

    <Button
        ohos:id="$+id:btn_oval"
        ohos:height="50vp"
        ohos:width="150vp"
        ohos:background_element="$graphic:oval_button_element"
        ohos:bottom_margin="15vp"
        ohos:layout_alignment="horizontal_center"
        ohos:left_margin="15vp"
        ohos:left_padding="8vp"
        ohos:right_padding="8vp"
        ohos:text=" 按钮 button"
        ohos:text_size="18fp"/>
```

```xml
<Button
    ohos:id="$+id:btn_capsule"
    ohos:height="match_content"
    ohos:width="match_content"
    ohos:background_element="$graphic:capsule_button_element"
    ohos:bottom_margin="15vp"
    ohos:layout_alignment="horizontal_center"
    ohos:left_margin="15vp"
    ohos:left_padding="15vp"
    ohos:right_padding="15vp"
    ohos:text=" 按钮 button"
    ohos:text_size="18fp"/>

<Button
    ohos:id="$+id:btn_circle"
    ohos:height="50vp"
    ohos:width="50vp"
    ohos:background_element="$graphic:circle_button_element"
    ohos:bottom_margin="15vp"
    ohos:layout_alignment="horizontal_center"
    ohos:left_margin="15vp"
    ohos:left_padding="15vp"
    ohos:right_padding="15vp"
    ohos:text="+"
    ohos:text_size="18fp"/>

<Button
    ohos:id="$+id:start_btn_example"
    ohos:height="match_content"
    ohos:width="match_parent"
    ohos:element_right="$media:ic_arrow_right"
    ohos:layout_alignment="horizontal_center"
    ohos:left_padding="24vp"
    ohos:padding="10vp"
    ohos:text=" 另一种按钮案例页面 "
    ohos:text_alignment="left"
    ohos:text_size="18fp"/>
```

```
</DirectionalLayout>
```

Button 组件的大多数属性和 Text 组件都是相同的。表 5-2 列出了 Button 的一些常用属性及其含义。

表 5-2　Button 组件的属性及其含义

属性	含义
bottom_margin	下外边距。其值为 float 类型（单位为 px/vp/fp，默认为 px）
layout_alignment	组件对齐方式。其值可以为 left（靠左对齐）、top（靠顶部对齐）、right（靠右对齐）、bottom（靠底部对齐）、horizontal_center（水平居中对齐）、vertical_center（垂直居中对齐）、center（居中对齐）、start（靠起始端对齐）、end（靠结尾端对齐）
left_margin	左外边距。其值为 float 类型（单位为 px/vp/fp，默认为 px）
right_margin	右外边距。其值为 float 类型（单位为 px/vp/fp，默认为 px）
top_padding	上内间距。其值为 float 类型（单位为 px/vp/fp，默认为 px）
left_padding	左内间距。其值为 float 类型（单位为 px/vp/fp，默认为 px）
right_padding	右内间距。其值为 float 类型（单位为 px/vp/fp，默认为 px）
text_size	文本大小。其值为 float 类型（单位为 px/vp/fp，默认为 px）
text	显示文本。其值为 string 类型

5.3　样式如何美化

上文出现的 Text 和 Button 组件效果其实都不美观。人靠衣服马靠鞍，界面美化是一个非常重要的环节。本节将以按钮为例，介绍几种样式的按钮的生成方式，用来美化界面。

在鸿蒙系统中，样式有两种方式定义，如图 5-3 所示。

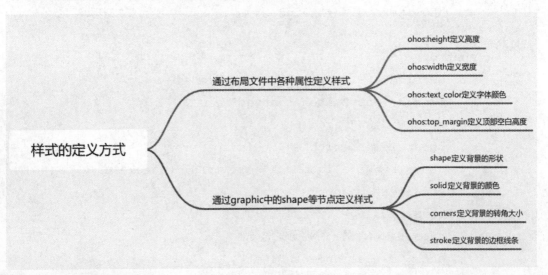

图 5-3　样式的定义方式

- 第一种方式是直接在布局文件中的相应的控件中定义样式。样式定义在 resources/base/layout 的布局文件中。
- 第二种方式是在单独的图形资源文件中定义样式。样式定义在 resources/base/graphic 的文件中。

本例对按钮进行了美化，如图 5-4 所示，其中有 8 个按钮，分别是：
- 没有背景的文字按钮。
- 带蓝色背景、白色文字的按钮。
- 带绿色背景、白色文字的按钮。
- 圆形按钮。
- 图片按钮。
- 带渐变色的按钮。
- 带单击效果的按钮。
- 带图片的按钮。

这些按钮的代码在本书代码文件的 chapter5\UIComponents 中。

图 5-4　各种样式的 Button 组件

下面分别对每一种按钮的实现做简要介绍。

第一个按钮是默认的文字按钮，没有边框。为了让大家理解每一句代码的含义，这里将注释写在代码中。但在实际的代码中，按照下面的方式写代码编译不会通过，需要去掉注释，这里仅供大家学习参考。

```xml
<Button
    <!-- 按钮的id名字,在该文件中唯一,用于引用该按钮,"+"表示新增一个id名,
没有"+"表示引用同一个id名 -->
    ohos:id="$+id:btn_base1"
    <!-- 按钮的高度,单位是vp -->
    ohos:height="50vp"
    <!-- 按钮的宽度,单位是vp -->
    ohos:width="150vp"
    <!-- 按钮底部的空白边距,离下一个组件的距离 -->
    ohos:bottom_margin="15vp"
    <!-- 按钮在父布局中水平方向居中 -->
    ohos:layout_alignment="horizontal_center"
    <!-- 按钮中的文字离左边的距离 -->
    ohos:left_padding="8vp"
    <!-- 按钮中的文字离右边的距离 -->
    ohos:right_padding="8vp"
    <!-- 按钮的文字内容 -->
    ohos:text=" 默认按钮 "
    <!-- 按钮字体的大小 -->
    ohos:text_size="18fp"
    <!-- 按钮顶部的空白边距,离上一个组件的距离 -->
    ohos:top_margin="10vp"/>
```

第二个按钮是背景色为蓝色的按钮,需为其设置背景background_element,代码如下:

```xml
<Button
    <!-- 按钮的id名字,在该文件中唯一,用于引用该按钮,"+"表示新增一个id名,
没有"+"表示引用同一个id名 -->
    ohos:id="$+id:btn_base2"
    <!-- 按钮的背景。在这里引用了graphic目录下的资源 -->
    ohos:background_element="$graphic:btn_base2_element"
    <!-- 按钮的高度,单位是vp -->
    ohos:height="50vp"
    <!-- 按钮的宽度,单位是vp -->
    ohos:width="150vp"
    <!-- 按钮底部的空白边距,离下一个组件的距离 -->
    ohos:bottom_margin="15vp"
```

```xml
    <!-- 按钮在父布局中水平方向居中 -->
    ohos:layout_alignment="horizontal_center"
    <!-- 按钮中的文字离左边的距离 -->
    ohos:left_padding="8vp"
    <!-- 按钮中的文字离右边的距离 -->
    ohos:right_padding="8vp"
    <!-- 按钮的文字内容 -->
    ohos:text=" 主要按钮 "
    <!-- 按钮字体的大小 -->
    ohos:text_size="18fp"
    <!-- 按钮顶部的空白边距，离上一个组件的距离 -->
    ohos:top_margin="10vp"
    <!-- 按钮文字的颜色 -->
    ohos:text_color="#ffffff"
    />
```

其中，graphic/btn_base2_element.xml 文件代码如下，这段代码设置样式为实心圆角。

```xml
<shape xmlns:ohos="http://schemas.huawei.com/res/ohos"
    <!-- 背景的形状设为矩形 -->
    ohos:shape="rectangle">
    <!-- 背景为实心填充 -->
    <solid
        <!-- 设置填充色 -->
        ohos:color="#409eff"/>
    <!-- 背景矩形的四角为圆角 -->
    <corners
        <!-- 设置圆角半径 -->
        ohos:radius="6vp"/>
</shape>
```

第三个按钮是背景色为绿色的按钮，代码如下：

```xml
<Button
    <!-- 按钮的id名字,在该文件中唯一,用于引用该按钮,"+"表示新增一个id名,没有"+"表示引用同一个id名 -->
    ohos:id="$+id:btn_base3"
    <!-- 按钮的背景。在这里引用了graphic目录下的资源 -->
    ohos:background_element="$graphic:btn_base3_element"
```

```xml
<!-- 按钮的高度，单位是 vp -->
ohos:height="50vp"
<!-- 按钮的宽度，单位是 vp -->
ohos:width="150vp"
<!-- 按钮底部的空白边距，离下一个组件的距离 -->
ohos:bottom_margin="15vp"
<!-- 按钮在父布局中水平方向居中 -->
ohos:layout_alignment="horizontal_center"
<!-- 按钮中的文字离左边的距离 -->
ohos:left_padding="8vp"
<!-- 按钮中的文字离右边的距离 -->
ohos:right_padding="8vp"
<!-- 按钮的文字内容 -->
ohos:text=" 成功按钮 "
<!-- 按钮字体的大小 -->
ohos:text_size="18fp"
<!-- 按钮顶部的空白边距，离上一个组件的距离 -->
ohos:top_margin="10vp"
<!-- 按钮文字的颜色 -->
ohos:text_color="#ffffff"/>
```

其中，graphic/btn_base3_element.xml 文件代码如下：

```xml
<shape xmlns:ohos="http://schemas.huawei.com/res/ohos"
    <!-- 背景的形状设为矩形 -->
    ohos:shape="rectangle">
    <!-- 背景为实心填充 -->
    <solid
        <!-- 设置填充色 -->
        ohos:color="#67c23a"/>
    <corners
        <!-- 设置圆角半径 -->
        ohos:radius="6vp"/>
</shape>
```

第四个按钮为圆形按钮，按钮的高度和宽度需要一致，其背景也需设置为椭圆。其

代码如下:

```xml
<Button
    <!-- 按钮的id名字,在该文件中唯一,用于引用该按钮,"+"表示新增一个id名,
没有"+"表示引用同一个id名 -->
    ohos:id="$+id:btn_base4"
    <!-- 按钮的高度,单位是vp -->
    ohos:height="50vp"
    <!-- 按钮的宽度,单位是vp -->
    ohos:width="50vp"
    <!-- 按钮的背景。在这里引用了graphic目录下的资源 -->
    ohos:background_element="$graphic:btn_base4_element"
    <!-- 按钮的文字内容 -->
    ohos:text="#"
    <!-- 按钮文字的颜色 -->
    ohos:text_color="#ffffff"
    <!-- 按钮的文字对齐方式,这里设置为居中对齐 -->
    ohos:text_alignment="center"
    <!-- 按钮字体的大小 -->
    ohos:text_size="15fp"/>
```

其中,graphic/btn_base4_element.xml 文件代码如下:

```xml
<shape xmlns:ohos="http://schemas.huawei.com/res/ohos"
    <!-- 背景的形状设为椭圆 -->
    ohos:shape="oval">
    <!-- 为背景添加边框 -->
    <stroke
        <!-- 设置边框线的宽度 -->
        ohos:width="5"
        <!-- 设置边框的颜色 -->
        ohos:color="#ff008b00"/>
    <!-- 背景为实心填充 -->
    <solid
        <!-- 设置填充色 -->
        ohos:color="#ff008b00"/>
</shape>
```

第五个按钮为图片按钮,其类型需为 Image,通过 ohos:image_src 直接引用了 media

资源目录的一张图片，代码如下：

```
<Image
    <!-- 图片的id名字,在该文件中唯一,用于引用该按钮,"+"表示新增一个id名,
没有"+"表示引用同一个id名 -->
    ohos:id="$+id:btn_base5"
    <!-- 图片的高度,单位是vp -->
    ohos:height="50vp"
    <!-- 图片的宽度,单位是vp -->
    ohos:width="50vp"
    <!-- 图片顶部的空白边距,离上一个组件的距离 -->
    ohos:top_margin="10vp"
    <!-- 图片的资源,这里引用了media目录下的资源 -->
    ohos:image_src="$media:button"
    <!-- 图像缩放类型,"stretch"表示将原图缩放到与Image大小一致 -->
    ohos:scale_mode="stretch"/>
```

第六个按钮为从上到下渐变按钮，在其背景文件中需设置gradient，其代码如下：

```
<Button
    <!-- 按钮的id名字,在该文件中唯一,用于引用该按钮,"+"表示新增一个id名,
没有"+"表示引用同一个id名 -->
    ohos:id="$+id:btn_base6"
    <!-- 按钮的背景,在这里引用了graphic目录下的资源 -->
    ohos:background_element="$graphic:btn_base5_element"
    <!-- 按钮的高度,单位是vp -->
    ohos:height="80vp"
    <!-- 按钮的宽度,单位是vp -->
    ohos:width="200vp"
    <!-- 按钮底部的空白边距,离下一个组件的距离 -->
    ohos:bottom_margin="15vp"
    <!-- 按钮在父布局中水平方向居中 -->
    ohos:layout_alignment="horizontal_center"
    <!-- 按钮中的文字离左边的距离 -->
    ohos:left_padding="8vp"
    <!-- 按钮中的文字离右边的距离 -->
    ohos:right_padding="8vp"
    <!-- 按钮的文字内容 -->
```

```
    ohos:text=" 从上到下渐变按钮 "
    <!-- 按钮字体的大小 -->
    ohos:text_size="18fp"
    <!-- 按钮顶部的空白边距，离上一个组件的距离 -->
    ohos:top_margin="10vp"
    <!-- 按钮文字的颜色 -->
    ohos:text_color="#ffffff"/>
```

其中，**graphic/btn_base5_element.xml** 文件代码如下：

```
<shape xmlns:ohos="http://schemas.huawei.com/res/ohos"
    <!-- 背景的形状设为矩形 -->
    ohos:shape="rectangle">
<!-- 背景为实心填充 -->
<solid
    <!-- 设置填充色，因为要设置渐变效果，这里需要设置 2 个值，划定了颜色的范围 -->
    ohos:colors="#bb0500,#550100"/>
<corners
    <!-- 设置圆角半径 -->
    ohos:radius="4vp"/>
<!-- 为背景设置渐变 -->
<gradient
    <!-- 设置为线性渐变 -->
    ohos:shader_type="linear_gradient"
    <!-- 渐变方向为从上至下 -->
    ohos:orientation="TOP_TO_BOTTOM"/>
</shape>
```

第七个按钮为有单击效果的按钮，其背景文件需设置状态容器 state-container，其代码如下：

```
<Button
    <!-- 按钮的id名字,在该文件中唯一,用于引用该按钮,"+"表示新增一个id名,
没有"+"表示引用同一个 id 名 -->
    ohos:id="$+id:btn_base7"
    <!-- 按钮的高度，单位是 vp -->
    ohos:height="50vp"
    <!-- 按钮的宽度，单位是 vp -->
```

```xml
ohos:width="160vp"
<!-- 按钮中的文字离左边的距离 -->
ohos:left_padding="10vp"
<!-- 按钮中的文字离右边的距离 -->
ohos:right_padding="10vp"
<!-- 按钮文字的颜色 -->
ohos:text_color="#FFFFFF"
<!-- 按钮的文字对齐方式，这里设置为水平居中对齐或靠左对齐 -->
ohos:text_alignment="vertical_center|left"
<!-- 按钮的背景。在这里引用了graphic目录下的资源 -->
ohos:background_element="$graphic:btn_base7_element"
<!-- 按钮字体的大小 -->
ohos:text_size="16fp"
<!-- 按钮的文字内容 -->
ohos:text=" 有单击效果的按钮 "
/>
```

其中，graphic/btn_base7_element.xml 文件代码如下（state-container 是一个状态容器，其中每一子项表示一个状态，一个按钮可以由正常状态 component_state_empty、单击状态 component_state_pressed、禁用 component_start_disabled 状态等）：

```xml
<state-container xmlns:ohos="http://schemas.huawei.com/res/ohos">
    <!-- 设置按钮被单击时的背景。这里引用了graphic目录下的资源 -->
    <item ohos:element="$graphic:button_pressed_ability_main" ohos:state="component_state_pressed" />
    <!-- 设置按钮未被单击时的背景。这里引用了graphic目录下的资源 -->
    <item ohos:element="$graphic:button_normal_ability_main" ohos:state="component_state_empty" />
</state-container>
```

其中，graphic/button_pressed_ability_main.xml 文件代码如下（表示按钮被单击状态）：

```xml
<shape xmlns:ohos="http://schemas.huawei.com/res/ohos"
    <!-- 背景的形状设为矩形 -->
    ohos:shape="rectangle">
    <!-- 背景为实心填充 -->
    <solid
        <!-- 设置填充色 -->
```

```xml
        ohos:color="#e6a23c"/>
</shape>
```

其中，graphic/button_normal_ability_main.xml 文件代码如下（表示正常按钮状态）：

```xml
<shape xmlns:ohos="http://schemas.huawei.com/res/ohos"
       <!-- 背景的形状设为矩形 -->
       ohos:shape="rectangle">
    <!-- 背景为实心填充 -->
    <solid
        <!-- 设置填充色 -->
        ohos:color="#6E5F39"/>
</shape>
```

第八个按钮为带图片的按钮，需设置 element_left 属性或 element_right 属性，可以在按钮的左边或者右边设置一个图片，其代码如下：

```xml
<Button
    <!-- 按钮的id名字,在该文件中唯一,用于引用该按钮,"+"表示新增一个id名,没有"+"表示引用同一个id名 -->
    ohos:id="$+id:btn_base8"
    <!-- 按钮的高度，单位是vp -->
    ohos:height="50vp"
    <!-- 按钮的宽度，单位是vp -->
    ohos:width="160vp"
    <!-- 按钮的背景。在这里引用了media/graphic下的资源 -->
    ohos:background_element="$graphic:capsule_button_element"
    <!-- 按钮的文字内容 -->
    ohos:text=" 按钮图片 "
    <!-- 按钮文字的颜色 -->
    ohos:text_color="#FFFFFF"
    <!-- 按钮字体的大小 -->
    ohos:text_size="16fp"
    <!-- 文本左侧图标，这里引用了media目录下的资源 -->
    ohos:element_left="$media:ic_music_play"
    <!-- 文本右侧图标，这里引用了media目录下的资源 -->
    ohos:element_right="$media:ic_music_play2"
    <!-- 按钮顶部的空白边距，离上一个组件的距离 -->
    ohos:top_margin="10vp"
```

```xml
<!-- 按钮中的文字离左边的距离 -->
ohos:left_padding="5vp"
/>
```

其中，graphic/capsule_button_element.xml 文件代码如下：

```xml
<shape xmlns:ohos="http://schemas.huawei.com/res/ohos"
    <!-- 背景的形状设为矩形 -->
    ohos:shape="rectangle">
    <corners
        <!-- 设置圆角半径 -->
        ohos:radius="100"/>
    <!-- 背景为实心填充 -->
    <solid
        <!-- 设置填充色 -->
        ohos:color="#ff007dff"/>
</shape>
```

5.4 文本框（TextField）组件

文本框（TextField）也是经常使用的一种组件，布局文件中定义了一个文本输入框，可以在该文本框中输入文本，如图 5-5 所示。相应代码可在本书代码文件的 chapter5\TextField 中找到。

图 5-5　TextField 组件效果示例图

XML 布局文件如下：

```
<?xml version="1.0" encoding="utf-8"?>
<DirectionalLayout
    xmlns:ohos="http://schemas.huawei.com/res/ohos"
    ohos:height="match_parent"
    ohos:width="match_parent"
    ohos:alignment="center"
    ohos:background_element="#000000"
    ohos:orientation="vertical">

    <TextField
        ohos:id="$+id:textField"
        ohos:height="match_content"
        ohos:width="200vp"
        ohos:background_element="$graphic:background_ability_text_field"
        ohos:text_size="18vp"
        ohos:padding="10vp"
        ohos:text_alignment="center|left"
        ohos:text_font="#000099"
        ohos:hint=" 请输入信息 ..."
        ohos:element_cursor_bubble="$graphic:bubble"
        ohos:multiple_lines="true"
        ohos:enabled="true"
        ohos:basement="#000099"
        ohos:input_enter_key_type="enter_key_type_go"
        ohos:text_input_type="pattern_number"
        />

</DirectionalLayout>
```

TextField 的属性继承自 Text，此外它还有一个自己特有的属性，如表 5-3 所示。

表 5-3　TextField 组件的特有属性及其含义

属性	含义
basement	输入框基线。可以直接设置色值，也可以引用 color 资源

5.5 日期选择（DatePicker）组件

日期选择（DatePicker）组件用于日期的选择，下面通过 XML 布局文件创建一个 DatePicker 组件：

```
<DatePicker
  ohos:id="$+id:test_datepicker"
  ohos:height="match_content"
  ohos:width="match_parent"
  ohos:text_size="20fp"
  ohos:selected_text_color="#FFA500"
  ohos:date_order="day-month-year"/>
```

这里的 date_order 属性需要我们注意，该属性定义了日期的显示格式，比如这里的"day-month-year"日期是以日－月－年的格式显示。总共有 10 种取值，如表 5-4 所示。

表 5-4　DatePicker 组件 data_order 属性取值范围及其含义

date_order 的取值	含义
day-month-year	表示日期以日－月－年的格式显示
month-day-year	表示日期以月－日－年的格式显示
year-month-day	表示日期以年－月－日的格式显示
year-day-month	表示日期以年－日－月的格式显示
day-month	表示日期以日－月的格式显示
month-day	表示日期以月－日的格式显示
year-month	表示日期以年－月的格式显示
month-year	表示日期以月－年的格式显示
only-year	表示只显示年份
only-month	表示只显示月份
only-day	表示只显示日期

除 date_order 之外，DatePicker 组件还有一些常用的自有属性，如表 5-5 所示。

表 5-5　DatePicker 组件属性及其含义

属性	含义
day_fixed	日期是否固定。取值为 boolean 类型
month_fixed	月份是否固定。取值为 boolean 类型
year_fixed	年份是否固定。取值为 boolean 类型
max_date	最大日期。取值为 long 类型，设置的值为日期对应的 UNIX 时间戳
min_date	最小日期。取值为 long 类型，设置的值为日期对应的 UNIX 时间戳
normaltextcolor	未选中文本的颜色
selectedtextcolor	选中文本的颜色

可以通过如下代码来获取 DatePicker 中选择的日期：

```
// 获取 DatePicker 实例
DatePicker datePicker = (DatePicker) findComponentById
(ResourceTable.Id_date_pick);
// 获取日
int day = datePicker.getDayOfMonth();
// 获取月
int month = datePicker.getMonth();
// 获取年
int year = datePicker.getYear();
```

还可以通过以下代码来更新 DatePicker 的日期：

```
// 更新日期，三个参数分别代表年月日
datePicker.updateDate(2021, 8, 8);
```

5.6 开关（Switch）组件

开关（Switch）是用来切换单个设置开 / 关两种状态的组件。布局文件中定义了一个开关组件，默认为关闭状态，如图 5-6 所示。相应代码可在本书代码文件的 chapter5\Switch 中找到。

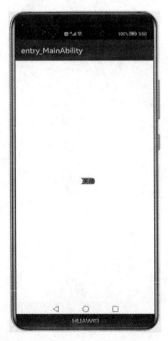

图 5-6　Switch 组件关闭状态效果图

滑动该组件，可变为开启状态，具体效果如图 5-7 所示。

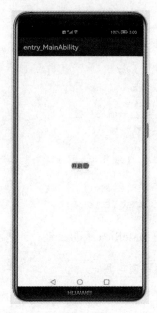

图 5-7　Switch 组件开启状态效果图

XML 布局文件如下：

```xml
<?xml version="1.0" encoding="utf-8"?>
<DirectionalLayout
    xmlns:ohos="http://schemas.huawei.com/res/ohos"
    ohos:height="match_parent"
    ohos:width="match_parent"
    ohos:alignment="center"
    ohos:orientation="vertical">

    <Switch
        ohos:id="$+id:switch_opt"
        ohos:height="match_content"
        ohos:width="match_content"
        ohos:text_state_off="关闭"
        ohos:text_state_on="开启"
        ohos:padding="5vp"
        ohos:text_size="16fp"
        />

</DirectionalLayout>
```

Switch 组件一些重要的自有属性如表 5-6 所示。

表 5-6 Switch 组件自有属性及其含义

属性	含义
text_state_on	开启时显示的文本。string 类型
text_state_off	关闭时显示的文本。string 类型
marked	当前状态（选中或未选中）。boolean 类型
track_element	轨迹样式。可直接配置色值，也可引用 color 资源

也可以在 Java 代码中设置其样式：

```java
// 开启状态下滑块的样式
ShapeElement elementThumbOn = new ShapeElement();
elementThumbOn.setShape(ShapeElement.OVAL);// 设置形状为椭圆
elementThumbOn.setRgbColor(RgbColor.fromArgbInt(0xFF1E90FF));
// 设置颜色
elementThumbOn.setCornerRadius(50);// 设置圆角半径为 50
// 关闭状态下滑块的样式
ShapeElement elementThumbOff = new ShapeElement();
elementThumbOff.setShape(ShapeElement.OVAL);// 设置形状为椭圆
elementThumbOff.setRgbColor(RgbColor.fromArgbInt(0xFFFFFFFF));
// 设置颜色
elementThumbOff.setCornerRadius(50);// 设置圆角半径为 50
// 开启状态下轨迹样式
ShapeElement elementTrackOn = new ShapeElement();
elementTrackOn.setShape(ShapeElement.RECTANGLE);// 设置形状为矩形
elementTrackOn.setRgbColor(RgbColor.fromArgbInt(0xFF87CEFA));
// 设置颜色
elementTrackOn.setCornerRadius(50);// 设置圆角半径为 50
// 关闭状态下轨迹样式
ShapeElement elementTrackOff = new ShapeElement();
elementTrackOff.setShape(ShapeElement.RECTANGLE);// 设置形状为矩形
elementTrackOff.setRgbColor(RgbColor.fromArgbInt (0xFF808080));
// 设置颜色
elementTrackOff.setCornerRadius(50);// 设置圆角半径为 50
// 设置切换属性
Switch btnSwitch = (Switch) findComponentById(ResourceTable.Id_btn_switch); // 获取 switch 组件
```

```
    btnSwitch.setTrackElement(trackElementInit(elementTrackOn,
elementTrackOff));// 设置轨迹样式
    btnSwitch.setThumbElement(thumbElementInit(eleementThumbOn,
elementThumbOff));// 设置滑块样式
```

ShapeElement 是提供具有颜色渐变的 Element，通常用于组件背景。

setTrackElement 和 setThumbElement 方法的具体实现如下，通过这两个方法，按状态将样式整合到 StateElement 中。

```
    // 轨迹样式的设置
    private StateElement trackElementInit(ShapeElement on,
ShapeElement off){
        StateElement trackElement = new StateElement();
        trackElement.addState(new int[]{ComponentState.COMPONENT_
STATE_CHECKED}, on);// 添加开的样式
        trackElement.addState(new int[]{ComponentState.COMPONENT_
STATE_EMPTY}, off);// 添加关的样式
        return trackElement;
    }
    // 滑块样式的设置
    private StateElement thumbElementInit(ShapeElement on,
ShapeElement off) {
        StateElement thumbElement = new StateElement();
        thumbElement.addState(new int[]{ComponentState.COMPONENT_
STATE_CHECKED}, on);// 添加开的样式
        thumbElement.addState(new int[]{ComponentState.COMPONENT_
STATE_EMPTY}, off);// 添加关的样式
        return thumbElement;
    }
```

5.7 复选框（Checkbox）组件

复选框（Checkbox）组件可以实现选中和取消选中的功能。布局文件中定义了一个复选框组件，默认为未选状态，如图 5-8 所示。相应代码可在本书代码文件的 chapter5\Checkbox 中找到。

图 5-8　Checkbox 组件未选中效果图

单击该组件，可变为选中状态。

XML 布局文件如下：

```xml
<?xml version="1.0" encoding="utf-8"?>
<DirectionalLayout
    xmlns:ohos="http://schemas.huawei.com/res/ohos"
    ohos:height="match_parent"
    ohos:width="match_parent"
    ohos:alignment="center"
    ohos:orientation="vertical">

    <Checkbox
        ohos:id="$+id:check_box"
        ohos:height="match_content"
        ohos:width="match_content"
        ohos:text=" 复选框 "
        ohos:text_size="20fp"
        ohos:text_color_on="#00AAEE"
        ohos:text_color_off="#549883"
```

```
            />
</DirectionalLayout>
```

Checkbox 组件一些重要的自有属性如表 5-7 所示。

表 5-7 Checkbox 组件自有属性及其含义

属性	含义
text_color_on	处于选中状态的文本颜色。可直接配置色值，也可引用 color 资源
text_color_off	处于未选中状态的文本颜色。可直接配置色值，也可引用 color 资源
marked	当前状态（选中或未选中）。boolean 类型
check_element	状态标志样式。可直接配置色值，也可引用 color 资源

5.8 对话框（Dialog）组件

对话框（Dialog）组件主要包含以下四种：ToastDialog、PopupDialog、CommonDialog 和 ListDialog。

5.8.1 ToastDialog

ToastDialog 对话框可以说是最简单的对话框了，一般用于对用户操作的简单反馈。ToastDialog 对话框弹出后不可单击，在一段时间后会自动消失，在此期间，用户还可以操作当前窗口的其他组件。

可以通过构造方法 ToastDialog（Context context）来创建 ToastDialog 实例，其主要方法如表 5-8 所示。

表 5-8 ToastDialog 实例常用方法及其描述

方法原型	描述
ToastDialog setAlignment(int gravity)	设置对话框的对齐属性
ToastDialog setComponent(Component component)	自定义内容区域
ToastDialog setOffset(int offsetX, int offsetY)	设置对话框偏移量
ToastDialog setSize(int width, int height)	设置对话框尺寸
ToastDialog setText(String textContent)	设置对话框显示内容
void show( )	显示对话框

下面的代码是创建并使用 ToastDialog 对话框的一个简单示例：

```
    new ToastDialog(getContext())              // 创建一个 ToastDialog
实例
        .setText("这是一个 ToastDialog 对话框")    // 设置对话框显示内容
        .setAlignment(LayoutAlignment.CENTER)   // 设置对话框的显示位置,
这里设置为窗口的中心
        .show();                                // 显示对话框
```

5.8.2 PopupDialog

PopupDialog 是覆盖在当前界面之上的弹出框,可以相对组件或者屏幕显示。显示时会获取焦点,中断用户操作,被覆盖的其他组件无法交互。这种对话框的内容一般简单明了,并提示用户一些需要确认的信息。

PopupDialog 有两种构造方法,如表 5-9 所示。

表 5-9 PopupDialog 构造方法及其描述

构造方法	描述
PopupDialog(Context context, Component contentComponent)	创建一个 PopupDialog 实例,并传入需要相对显示的组件
PopupDialog(Context context, Component contentComponent, int width, int height)	创建一个 PopupDialog 实例,初始化气泡对话框尺寸并传入需要相对显示的组件

可以看出,创建 PopupDialog 实例时必须指定要相对显示的组件。

PopupDialog 的常用方法如表 5-10 所示。

表 5-10 PopupDialog 实例常用方法及其描述

方法原型	描述
void setArrowOffset(int offset)	设置当前对话框箭头的偏移量
void setArrowSize(int width, int height)	设置当前对话框箭头的尺寸
void setBackColor(Color color)	设置当前对话框的背景颜色
PopupDialog setCustomComponent(Component customComponent)	自定义内容区域
PopupDialog setHasArrow(boolean status)	设置是否显示对话框的箭头
PopupDialog setMode(int mode)	设置对话框的对齐模式
PopupDialog setText(String text)	设置对话框的内容
void showOnCertainPosition(int alignment, int x, int y)	设置对话框相对屏幕显示的位置。alignment 为相对屏幕对齐模式,x 和 y 为偏移量
void show( )	显示对话框

在创建 PopupDialog 之前我们需要先创建一个用来参照的 Button 组件,因为 PopupDialog 的主要特点就是相对其他组件进行显示的。XML 代码如下:

```xml
<Button
    ohos:id="$+id:target_component"
    ohos:height="match_content"
    ohos:width="match_content"
    ohos:text=" 点这 "
    ohos:text_color="white"
    ohos:text_size="18fp"
    ohos:background_element="#1E90FF"
    ohos:horizontal_center="true"/>
```

以下代码实现了单击 Button 组件时显示带有简单文本信息的气泡对话框：

```java
Component button = findComponentById(ResourceTable.Id_target_component);
button.setClickedListener(new Component.ClickedListener() {
    @Override
    public void onClick(Component component) {
        // 该构造方法中的第二个参数为 Component 对象，是气泡对话框显示时参照的组件；
        // 气泡对话框会根据对齐模式在这个参照组件的相对位置进行显示。
        PopupDialog popupDialog = new PopupDialog(getContext(), component);
        // 设置显示的内容
        popupDialog.setText(" 这是一个 PopupDialog");
        // 显示对话框
        popupDialog.show();
    }
});
```

5.8.3 CommonDialog

CommonDialog 是一种在弹出框消失之前，用户无法操作其他界面内容的对话框，通常用来展示用户当前需要的或用户必须关注的信息或操作。对话框的内容通常是不同组件进行组合布局，如文本、列表、输入框、网格、图标或图片，常用于选择或确认信息。

可以通过构造方法 CommonDialog（Context context）来创建 CommonDialog 实例，其主要方法如表 5-11 所示。

表 5-11　CommonDialog 实例常用方法及其描述

方法原型	描述
CommonDialog setButton(int buttonNum, String text, IDialog.ClickedListener listener)	设置按钮区的按钮，可设置按钮的位置、文本及相关单击事件
CommonDialog setContentCustomComponent(Component component)	自定义内容区域
CommonDialog setContentImage(int resId)	设置要在内容区域中显示的图标
CommonDialog setContentText(String text)	设置要在内容区域中显示的文本
void setDestroyedListener(CommonDialog.DestroyedListener destroyedListener)	设置对话框销毁监听器
CommonDialog setImageButton(int buttonNum, int resId, IDialog.ClickedListener listener)	设置对话框的图像按钮
void setMovable(boolean movable)	设置对话框是否可以拖动
CommonDialog setTitleCustomComponent(DirectionalLayout component)	自定义标题区域
CommonDialog setTitleIcon(int resId, int iconId)	设置标题区域图标
CommonDialog setTitleSubText(String text)	在标题区域中设置补充文本信息
CommonDialog setTitleText(String text)	在标题区域中设置标题文本
void show( )	显示对话框

下面的代码创建了一个包含标题、内容和按钮的简单对话框：

```
// 创建 CommonDialog 实例
CommonDialog dialog = new CommonDialog(getContext());
// 设置在标题区域要显示的文本
dialog.setTitleText(" 标题区域 ");
// 设置在内容区域要显示的文本
dialog.setContentText(" 内容区域 ");
//IDialog.BUTTON3 表示按钮为按钮区域从左至右第三个按钮，第二个参数为按钮
显示的文本，第三个参数为单击事件，这里设置为单击后关闭对话框
dialog.setButton(IDialog.BUTTON3, " 确认 ", (iDialog, i) -> iDialog.destroy());
// 显示对话框
dialog.show();
```

5.8.4　ListDialog

ListDialog 包括单选框列表和复选框列表，可以用来让用户从多个选项中选择自己需要的内容。

可以通过构造方法 ListDialog(Context context) 来创建 ListDialog 实例，其自有的主

要方法如表 5-12 所示。

表 5-12 ListDialog 实例常用方法及其描述

方法原型	描述
ListDialog setItems(String[ ] items)	设置要在列表中显示的选项
void setOnSingleSelectListener(IDialog.ClickedListener listener)	为普通列表或单选框列表注册一个侦听器
void setOnMultiSelectListener(IDialog.CheckBoxClickedListener listener)	为复选框列表注册一个侦听器

下面的代码创建了一个有三个选项的 ListDialog 对话框，并为该列表对话框设置了一个单击事件：

```java
// 创建要显示的选项
String[] items = new String[]{"选项1","选项2","选项3"};
// 创建 ListDialog 实例
ListDialog listDialog = new ListDialog(getContext());
// 设置显示位置为页面中心
listDialog.setAlignment(TextAlignment.CENTER);
// 设置题目区域的文本内容
listDialog.setTitleText("这是一个ListDialog");
// 设置可以自动关闭
listDialog.setAutoClosable(true);
// 设置 ListDialog 对话框的选项
listDialog.setItems(items);
// 设置单击事件，这里会用ToastDialog显示所选的选项，然后销毁ListDialog
对话框
listDialog.setOnSingleSelectListener((iDialog, index) -> {
    new ToastDialog(getContext()).setText(items[index]).show();
    iDialog.destroy();
});
listDialog.show();
```

5.9 进度条（Slider）组件

进度条（Slider）是一个可以拖动的进度条组件，下面是 Slider 组件的 XML 布局示例：

```xml
<Slider
    ohos:id="$+id:slider1"
    ohos:weight="1"
    ohos:height="match_content"
    ohos:max="100"
    ohos:min="10"
    ohos:progress="10"
    ohos:start_padding="10vp"
    ohos:end_padding="10vp"
    ohos:progress_color="$color:green"
    ohos:layout_alignment="vertical_center"/>
```

Slider 组件的几个重要属性如表 5-13 所示。

表 5-13 Slider 组件的属性及其含义

属性	含义
min	进度条的下限值。取值为 integer，默认为 0
max	进度条的上限值。取值为 integer，默认为 100
progress	进度条的当前进度值。取值为 integer
progress_color	进度的颜色。取值为 color

这几个属性不仅可以在 XML 布局文件中设置，也可以在 Java 代码中设置和获取，方法如表 5-14 所示。

表 5-14 Slider 实例常用方法及其描述

方法原型	描述
int getMax( )	获取进度条的上限值
void setMaxValue(int max)	设置进度条的上限值
int getMin( )	获取进度条的下限值
void setMinValue(int min)	设置进度条的下限值
int getProgress( )	获取进度条的当前进度值
void setProgressValue(int progress)	设置进度条的当前进度值
Color getProgressColor( )	获取进度条的颜色
void setProgressColor(Color color)	设置进度条的颜色

另外，我们创建了一个 Button 组件，用来单击显示 Slider 的当前进度值。XML 代码如下：

```xml
<Button
    ohos:id="$+id:button1"
    ohos:height="match_content"
    ohos:width="match_content"
```

```xml
ohos:text="点这显示进度值"
ohos:text_color="white"
ohos:text_size="18fp"
ohos:background_element="#1E90FF"
ohos:horizontal_center="true"/>
```

下面代码设置了 Slider 组件的颜色和下限值,并获取了当前进度值:

```java
// 获取对应的 Slider 实例
Slider slider = (Slider) findComponentById(ResourceTable.Id_slider1);
// 获取对应的 Button 实例
Button button = (Button) findComponentById(ResourceTable.Id_button1);
// 为 slider 设置下限值为 50,这里的设置会覆盖 XML 布局文件中的设置
slider.setMinValue(50);
// 为 slider 设置进度颜色为红色,这里的设置会覆盖 XML 布局文件中的设置
slider.setProgressColor(Color.RED);
// 为 Button 设置单击事件
button.setClickedListener(new Component.ClickedListener() {
    @Override
    public void onClick(Component component) {
        // 获取当前进度值
        String currentProgress = String.valueOf(slider.getProgress());
        // 用 ToastDialog 显示当前进度值
        new ToastDialog(getContext()).setText(currentProgress).show();
    }
});
```

5.10 列表容器(ListContainer)组件

列表容器(ListContainer)是用来呈现连续、多行数据的组件,包含一系列相同类型的列表项,其常用属性如表 5-15 所示。

表 5-15　ListContainer 组件常用属性及其含义

属性	含义
rebound_effect	开启 / 关闭回弹效果。取值为 boolean 类型
shader_color	着色器的颜色。取值为 color 类型
orientation	列表项排列方向。取值为"horizontal"（表示水平方向列表）或"vertical"（表示垂直方向列表），默认为"vertical"

ListContainer 主要的 XML 属性如下：

（1）在 layout 目录下，在 AbilitySlice 对应的布局文件 page_listcontainer.xml 中创建 ListContainer：

```
<ListContainer
  ohos:id="$+id:list_container"
  ohos:height="200vp"
  ohos:width="300vp"
  ohos:orientation="vertical"
  ohos:layout_alignment="horizontal_center"/>
```

（2）还需要定义列表中每一项的组件，在 layout 目录下新建 XML 文件（例：item_sample.xml），作为 ListContainer 的子布局：

```
<?xml version="1.0" encoding="utf-8"?>
<DirectionalLayout
  xmlns:ohos="http://schemas.huawei.com/res/ohos"
  ohos:height="match_content"
  ohos:width="match_parent"
  ohos:left_margin="16vp"
  ohos:right_margin="16vp"
  ohos:orientation="vertical">
  <Text
    ohos:id="$+id:item_index"
    ohos:height="match_content"
    ohos:width="match_content"
    ohos:padding="4vp"
    ohos:text="项 0"
    ohos:text_size="20fp"
    ohos:layout_alignment="center"/>
</DirectionalLayout>
```

（3）创建 SampleItem.java，作为 ListContainer 的数据包装类：

```java
public class SampleItem {
    private String name;
    public SampleItem(String name) {
        this.name = name;
    }
    public String getName() {
        return name;
    }
    public void setName(String name) {
        this.name = name;
    }
}
```

（4）ListContainer 每一行可以是不同的数据，因此需要适配不同的数据结构，使其都能添加到 ListContainer 上。

创建 SampleItemProvider.java 类，继承自 BaseItemProvider，必须重写 BaseItemProvider 中的几个抽象方法，如表 5-16 所示。

表 5-16　创建 SampleItemProvider 类必须重写的方法及其作用

方法原型	作用
abstract int getCount( )	返回填充的表项个数
abstract Object getItem(int position)	根据 position 返回对应的数据
abstract long getItemId(int position)	返回某一项的 id
abstract Component getComponent(int position, Component covertComponent,ComponentContainer componentContainer)	根据 position 返回对应的界面组件

代码示例如下：

```java
public class SampleItemProvider extends BaseItemProvider {
    // 包装类列表
    private List<SampleItem> list;
    private AbilitySlice slice;
    // 构造方法
    public SampleItemProvider(List<SampleItem> list, AbilitySlice slice) {
        this.list = list;
        this.slice = slice;
    }
```

```java
// 返回表项个数。如果 list 不为 null，返回 list 的大小，否则返回 0
@Override
public int getCount() {
    return list == null ? 0 : list.size();
}
// 根据 position 返回对应的数据。list 不为 null 且 position 在 list 长
度范围内时返回 list 中 position 位置的元素，否则返回 null
@Override
public Object getItem(int position) {
    if (list != null && position >= 0 && position < list.size()){
        return list.get(position);
    }
    return null;
}
// 根据 position 返回某一项的 id。这里直接返回 position，实际中可添加具体的处理逻辑
@Override
public long getItemId(int position) {
    return position;
}
// 根据 position 返回对应的界面组件
@Override
public Component getComponent(int position, Component convertComponent, ComponentContainer componentContainer) {
    final Component cpt;
    // 当第二个参数 convertComponent 为空时，创建新的组件；不为空时返回该组件
    // 这相当于一个缓存机制，可以重复利用组件，例如一个屏幕最多能显示 10 项，则只需 10 个组件就够了
    if (convertComponent == null) {
        cpt = LayoutScatter.getInstance(slice).parse(ResourceTable.Layout_item_sample, null, false);
    } else {
        cpt = convertComponent;
    }
    // 获取指定位置的包装类对象
    SampleItem sampleItem = list.get(position);
```

```
        // 获取子组件 Text 的实例
         Text text = (Text) cpt.findComponentById(ResourceTable.
Id_item_index);
        // 为该实例的显示内容重新赋值
        text.setText(sampleItem.getName());
        return cpt;
    }
}
```

（5）在 Java 代码中添加 ListContainer 的数据，并适配其数据结构：

```
@Override
public void onStart(Intent intent) {
    super.onStart(intent);
    super.setUIContent(ResourceTable.Layout_page_listcontainer);
    initListContainer();
}
private void initListContainer() {
    // 获取 ListContainer 实例
    ListContainer listContainer = (ListContainer) findComponentById
(ResourceTable.Id_list_container);
    // 准备列表中的数据
    List<SampleItem> list = getData();
    // 获取 ItemProvider 实例，将上面准备好的数据传入
        SampleItemProvider sampleItemProvider = new
SampleItemProvider(list, this);
    // 为 ListContainer 的 ItemProvider 设置为上面的 ItemProvider
    listContainer.setItemProvider(sampleItemProvider);
}
private ArrayList<SampleItem> getData() {
    ArrayList<SampleItem> list = new ArrayList<>();
    for (int i = 0; i <= 20; i++) {
        list.add(new SampleItem("项" + i));
    }
    return list;
}
```

到这里，就可以看到一个有 21 项的垂直排列的列表了，内容分别为"项 0""项 1"……

"项20"。这只是一个最简单的例子,每项只显示了简单的文本信息,实际上子组件可以是更为复杂的结构。

5.11 小结

本章介绍了鸿蒙系统中常用的组件,包括文本标签、按钮、文本框、对话框等,内容较多,但涉及的概念理解起来并不困难,只需多动手实验、大胆尝试、细心观察,就能轻松掌握各种组件的使用方法。在学习各种组件的基础用法后,还可以尝试着将各类组件搭配使用,再结合第4章布局的相关知识,相信你一定能制作出丰富多彩的界面,并且在这个过程中还能加深对各类组件的理解,为页面开发打下坚实的基础。

第 6 章
鸿蒙页面及数据服务开发

在应用程序的开发中,经常会开发一些有页面的和无页面的程序。有页面的我们一般称为用户界面,不带页面的一般称为服务。在鸿蒙系统中,将用户界面及服务抽象为 Ability(表示"能力"),说明这段程序有能力执行某项功能。

后续的章节会经常出现 Ability 这个单词,翻译成"能力"确实比较难以理解,但是鸿蒙官方也没给出更好的中文含义,所以大家记住这个词表示一种能力的抽象即可。

6.1 Ability 的分类

Ability 是应用程序的重要组成部分，一个应用程序可以由多个 Ability 组成。Ability 的分类如图 6-1 所示。

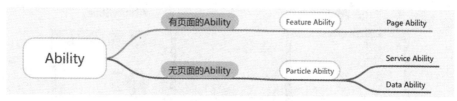

图 6-1　Ability 的分类

Ability 分为有页面的 Ability 和无页面的 Ability。有页面的 Ability 就是我们通常所说的应用程序的页面，用 Feature Ability 来表示。Feature 有"特征""面貌"的意思，寓意着与应用程序的外观相关。

无页面的 Ability 是一些没有页面的服务，用 Particle Ability 来表示。Particle 有"粒子""微粒"的意思，表示鸿蒙系统的各种能力可以由一个个细小的微粒组成。事实上，这也是鸿蒙相较于 Android、iOS 很重要的特征。在鸿蒙系统中，各种没有页面的后台服务、线程、数据访问的服务，都可以是一个一个的微粒，这些微粒组成了鸿蒙系统本身。

Particle Ability 由 Service Ability 和 Data Ability 组成。Service Ability 就是后台运行的任务，如后台播放音乐、下载文件、数据上传，处理一些耗时的复杂工作，如图像识别、人工智能算法等。Service Ability 并不具备和用户进行界面交互的能力。Service Ability 是一种完全后台运行的服务，在一个设备上，相同的 Service Ability 是单例模式，只会存在一个。当然，不同名的 Service Ability 可以出现多个，互不影响。

Data Ability 用于数据的存储及访问，它既可以存取程序自身的数据，也可以存取其他程序的数据。除此之外，Data Ability 还可以跨设备进行数据共享，这一点是很大的创新。传统的 Android 程序只能读写自身的程序，跨应用访问数据比较困难，有安全隐患。而鸿蒙不但解决了这个问题，而且还创新性地支持跨设备访问，这一伟大创新为应用开发者提供了无穷的想象空间。通过这个特性，可能会产生出很多有用的场景来，真实实现物联网设备的分布式存储与计算。

6.2 有页面的 Feature Ability

Feature Ability 是有页面的 Ability，它不是真正的类，只是一个概念。真正的实现类是 Page Ability，我们可以简单理解为 Page Ability 就是一个页面，或者说一个页面就是一个 Page Ability。Page Ability 提供了用户与应用程序交互的界面。一个 Page Ability 可以包含多个子页面，叫作 AbilitySlice，或者翻译为"页面切片"。

Page Ability 就相当于一扇窗户（我们可以理解为一个页面），AbilitySlice 就相当于一张窗纸，将窗纸贴到窗户上，就呈现出了一扇有窗纸的窗户。窗纸中的风景是印刷在窗纸上的，把风景印刷到窗纸上，就相当于在 AbilitySlice 中调用方法 setUIContent( ) 设置布局内容，从而将布局文件中的组件和样式应用到 AbilitySlice 中。具体示例模型如图 6-2 所示。

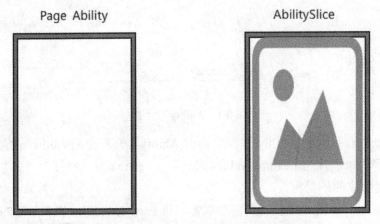

图 6-2　Page Ability 与 AbilitySlice 关系示例图

一扇窗户可以对应多张窗纸，今天喜欢哪张就贴哪张。同理，一个 Ability 可以对应多个 AbilitySlice，我们可以从中任意选择一个 AlibitySlice，将其应用到 Page Ability 上。一个 AlibitySlice 怎么跳转到另一个 AlibitySlice，将在下面的章节中介绍。

6.2.1　Ability 和 AbilitySlice 详解

Ability 和 AbilitySlice 都继承自 AbilityContext，并实现了 ILifecycle 接口，具体继承实现 UML 图如图 6-3 所示。

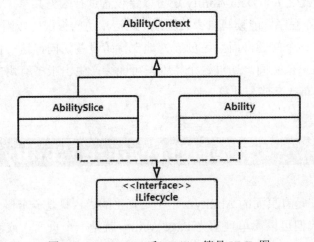

图 6-3　AbilitySlice 和 Ability 简易 UML 图

首先，我们自定义的 Ability 都需要继承 Ability 并重写 onStart( ) 函数，例如：

```java
public class MainAbility extends Ability {
    @Override
    public void onStart(Intent intent) {
        super.onStart(intent);
        super.setMainRoute(MainAbilitySlice.class.getName());
    }
}
```

onStart( ) 函数的主要含义如下：

- 调用父类的 onStart( ) 函数，传入意图对象（Intent）。这一步是必需的，表示一个 Ability 的启动，函数中做了一些初始化工作，而且在一个 Ability 的生命周期里只能调用一次 onStart( ) 函数。
- setMainRoute(String entry) 函数用来设置主路由，参数为 AbilitySlice 的全类名。虽然一个 Page 可以包含多个 AbilitySlice，但是 Page 进入前台时界面默认只展示一个 AbilitySlice，通过 setMainRoute 函数来指定。

同样地，我们自定义的 AbilitySlice 都需要继承 AbilitySlice 并重写 onStart( ) 函数，例如：

```java
public class MainAbilitySlice extends AbilitySlice {
    private static final String BUNDLE_NAME = "com.hellodemos.pageability";

    private static final String FIRST_ABILITY_NAME = "com.hellodemos.pageability.FirstAbility";

    private static final String CONTINUATION_ABILITY_NAME = "com.hellodemos.pageability.ContinuationAbility";

    @Override
    public void onStart(Intent intent) {
        super.onStart(intent);
        super.setUIContent(ResourceTable.Layout_main_ability_slice);
        initComponents();
    }

    private void initComponents() {
        findComponentById(ResourceTable.Id_navigation_button).setClickedListener(
```

```
                component -> startAbility(FIRST_ABILITY_NAME));
        findComponentById(ResourceTable.Id_continuation_button).
setClickedListener(
                component -> startAbility(CONTINUATION_ABILITY_NAME));
    }

    private void startAbility(String abilityName) {
        Intent intent = new Intent();
        Operation operation = new Intent.OperationBuilder().
withDeviceId("")
                .withBundleName(BUNDLE_NAME)
                .withAbilityName(abilityName)
                .build();
        intent.setOperation(operation);
        startAbility(intent);
    }
}
```

其中 onStart( ) 函数的主要含义如下:
- 同样地,首先需要调用父类 onStart( ) 函数,完成一些初始化的工作。
- setUIContent(int layoutRes) 函数用来设置布局资源,即我们在 resources/base/layout 文件夹下创建的那些 XML 布局文件,参数的形式为 ResourceTable.Layout_+XML 文件名。
- 接着调用 initComponents( ) 函数,用来找到布局文件中的组件并设置一些操作,具体内容见下。

　　initComponents( ) 函数的主要含义如下:
- findComponentById(int resId) 函数用来找到 XML 布局文件的指定组件,参数的形式为 ResourceTable.Id_+ 组件 id。
- Component 的 setClickedListener( ) 函数用来为组件设置单击监听事件。
- 单击事件为执行 startAbility( ) 函数,里面有关 Intent 和 Operation 的内容在第 6.3 节会具体讲述。

6.2.2　页面的跳转

　　某个应用程序中,可能存在多个页面,多个页面之间可以互相跳转。另外,一个页面中也可以有多个子页面,在同一个页面中,也可以在子页面中进行互相跳转。

　　页面的跳转方式一共有 5 种:

- 同一个页面（Page Ability）中，子页面（AbilitySlice）的直接跳转。
- 同一个页面（Page Ability）中，子页面（AbilitySlice）带参数跳转。
- 同一个页面（Page Ability）中，子页面（AbilitySlice）带参数跳转，并且带数据返回。
- A 页面跳转到 B 页面，即是跳转到 B 页面中的第一个显示出来的子页面。
- A 页面跳转到 B 页面中其他页面。

1. 同一页面中直接跳转

同一个页面（Page Ability）中直接跳转，如图 6-4 所示，直接从 AbilitySlice A 跳转到 AbilitySlice B，跳转过程中，不传递任何参数。

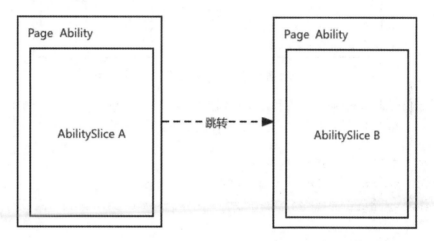

图 6-4　同一页面不同 AbilitySlice 不带参数跳转实例图

可以通过 present( ) 函数进行不同子页面（AbilitySlice）之间的切换。present( ) 函数的原型如下：

```
public final void present(AbilitySlice targetSlice, Intent intent)
```

参数含义如下：

- targetSlice：需要跳转到的 AbilitySlice，该参数必填。
- Intent：需要从一个源 AbilitySlice 携带到目的 targetSlice 的信息。Intent 是一个对象，里面可以存放 map 结构，可以携带很多自定义信息。由于不需要携带任何参数，所以直接传一个 intent 对象过去就可以了。代码如下：

```
Component button = findComponentById(ResourceTable.Id_back_button);
button.setClickedListener(component -> present(new AbilitySliceB(), new Intent()));
```

2. 同一个页面中带参数跳转

有时候我们需要传递一些参数到另一个子页面中，如图 6-5 所示。

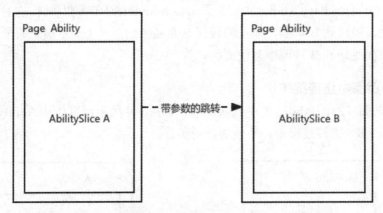

图 6-5 同一页面不同 AbilitySlice 带参数跳转实例图

这时候仍然调用 present( ) 函数，不过需要传递一些 Intent 参数过去，例如在登录页面中将用户名和密码传递到下一个页面中，代码如下：

```
Intent intent = new Intent();
intent.setParams("username","hellodemos");
intent.setParams("password","your wife birthday");

present(new AbilitySliceB(), intent)
```

在意图对象中我们通过 setParams( ) 设置了 2 个参数 "username" 和 "password"，并传递给 AbilitySliceB。setParams( ) 函数原型如下：

```
public Intent setParam(String key, String value)
```

参数含义如下：
- key：要保存的参数的键。
- value：要保存的参数的值。

返回值含义如下：
- Intent：返回该意图对象本身，可用于链式编程。

其中，键必须为字符串类型，且不能重复；值可以重复，而且可以为多种类型，如整型、浮点型、数组等，所以类似的方法还有 setParam（String key, boolean value）、setParam（String key, char value）、setParam（String key, int[ ] value）等。

当参数传递过去后，需要在 AbilitySlice B 子页面的 onStart( ) 函数中接收这几个参数，代码如下：

```
protected void onStart(Intent intent) {
    super.onStart(intent);
```

```
        super.setUIContent(ResourceTable.Layout_ability_b_slice);
        // 获取 intent 中 username 这个键对应的值
        String username = intent.getStringParam("username")
        // 获取 intent 中 password 这个键对应的值
        String password = intent.getStringParam("password")
        ......
    }
```

上面的代码通过调用 Intent 的 getStringParam( ) 函数来根据指定的键获取一个 String 类型的值，其函数原型如下：

```
public String getStringParam(String key)
```

参数含义如下：
- key：要获取的参数的键。

返回值含义如下：
- String：返回键对应的值，如果不存在，返回 null。

要获取其他类型的值，类似的方法还有 getShortParam( )、getCharParam( )、getDoubleArrayParam( ) 等等。

3. 同一个页面中带参数跳转，并且带数据返回

有时候我们不但需要传递一些参数到另一个子页面中，而且希望从另一个子页面中返回数据，如图 6-6 所示。

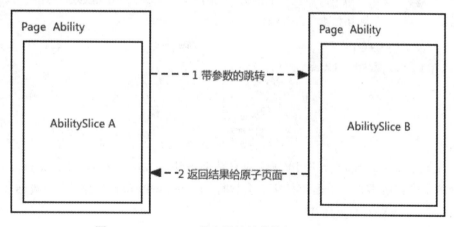

图 6-6　AbilitySlice 带参跳转并带数据返回示例图

AbilitySlice 的另一个函数是 presentForResult( )。这个函数和 present( ) 函数的区别是，presentForResult 可以返回一些数据到源 AbilitySlice 中。

presentForResult( ) 函数需要满足 3 个条件才能被调用：
- 页面 ability 在激活状态。
- 目标 AbilitySlice 不处于未启动或销毁状态。

- 在一个页面 Ability 中不能超过 1024 个 AbilitySlice 子页面。

presentForResult( ) 函数的原型如下：

```
public final void presentForResult(AbilitySlice targetSlice, Intent intent, int requestCode)
```

参数含义如下：
- targetSlice：待启动的 AbilitySlice，该参数必填。
- Intent：需要从一个源 AbilitySlice 携带到目的 targetSlice 的信息。Intent 是一个对象，里面可以存放 map 结构，可以携带很多自定义信息。
- requestCode：一个自定义的返回码，必须是整型，并且不能为负数。这个参数用于当一个子页面中有多个按钮，这些按钮条用了不同的子页面，区分从哪个子页面返回的整数。例如 1 代表返回值是从子页面 1 返回的，2 代表返回值是从子页面 2 中返回的。

以下的代码片段展示通过单击按钮导航到其他 AbilitySlice 的方法：

```
@Override
protected void onStart(Intent intent) {
    ...
    // 获取按钮
    Button button = findComponentById(ResourceTable.Id_button);
    // 设置按钮单击后执行的函数，如果 TargetSlice 这个窗口返回后，会触发 onResult 函数，并将 0 传给 requestCode 参数
    button.setClickedListener(listener -> presentForResult(new TargetSlice(), new Intent(), 0));
    ...
}
```

首先通过 findComponentById( ) 函数来获取按钮组件，接着 setClickedListener( ) 设置按钮的单击监听事件，单击该按钮后会执行 presentForResult( ) 函数，即跳转到另一个 Slice 中去，并设置返回码为 0。

当 TargetSlice 关闭时，系统将回调 onResult( ) 函数来接收和处理返回结果，我们需要重写该函数：

```
// 当 TargetSlice 关闭时，会调用这个函数
@Override
protected void onResult(int requestCode, Intent resultIntent) {
```

```
    // 如果 requestCode 为 0,那么表示是从 TargetSlice 返回的。
    if (requestCode == 0) {
        // Process resultIntent here.
    }
}
```

这个函数接收 requestCode 返回码和 resultIntent 返回意图两个参数,我们可以先判断 requestCode 是否和跳转到 TargetSlice 时设置得一样,如果一样,就可以执行对应的一些处理逻辑,这说明这是我们打开的页面中返回来的数据。

6.3 意图对象(Intent)

只有一个页面的程序会很单调,一般来说一个 App 会有多个页面。6.2 节讲解了如何在页面以及子页面间进行跳转,跳转的过程中可能携带参数,这个参数可以理解为跳转到另外页面的意图。本节将介绍意图对象(Intent)。学习过 Android 的同学,会发现鸿蒙的 Intent 和 Android 的 Intent 基本一致。

Intent 是意图对象,名如其意,Intent 用于对象之间传递信息。一般在两个场景中使用 Intent:
- 一个 Ability 启动另一个 Ability 时,用 Intent 携带需要传递的信息。
- 一个 AbilitySlice 切换到另一个 AbilitySlice 时,用 Intent 携带需要传递的信息。

Intent 有两个构造函数,一个不带参数 Intent( ),一个带参数 Intent(Intent intent)。其原型如下:

```
public Intent()
```

不带参数的 Intent,用于创建一个空的 Intent 对象。

```
public Intent(Intent intent)
```

带参数的 Intent,将一个已经存在的 Intent 传递给当前 Intent。

Intent 作为鸿蒙各个程序之间信息交互的主要方式,包含了要执行的动作(意图)和需要传递的参数两大类。
- 动作(operation):一些特殊的意图动作,Operation 是一个接口,其中包含了一个动作的必要信息。
- 参数(parameters):需要传递给其他 Ability 的数据。

Intent 有一个 setOperation( ) 函数,这个函数用于接收 Operation 对象,Operation 对象封装了 Intent 关心的参数和操作等信息,是经常和 Intent 一起联合使用的类。Intent 的 setOperation( ) 函数原型如下:

```
public void setOperation(Operation operation)
```

Operation 由 Intent.OperationBuilder( ) 类来生成，Intent.OperationBuilder( ) 有多个函数用于设置相干的信息，如：

- withBundleName：设置包名。
- withUri：设置 Uri 信息。
- withAction：设置动作 Action。
- withDeviceId：设置设备 id。
- withAbilityName：设置 Ability 名。

然后通过 Intent.OperationBuilder( ) 的 build( ) 方法，就可以生成 Operation 对象了。下面的代码生成了一个 Operation 接口对象，并设置给了 Intent 意图实例。

```
public static final String ACTION = "SECOND_ABILITY_SECOND_SLICE_ACTION";

Intent intent = new Intent();
intent.setAction(ACTION);

Operation operation = new Intent.OperationBuilder().withDeviceId("")
    .withBundleName(getBundleName())
    .withAbilityName(SecondAbility.class.getName())
    .build();

intent.setOperation(operation);
startAbility(intent);
```

是不是很好奇 Operation 接口内部是什么？Operation 接口有一些成员函数，这些函数主要用于获取存储在其内部的信息，其定义如下：

```
public interface Operation {
    String getAction();

    Set<String> getEntities();

    String getBundleName();

    Uri getUri();
```

```
    int getFlags();

    String getDeviceId();

    String getAbilityName();
}
```

下面对这段代码的各个函数做一些解释：
- Action：表示动作，通常使用系统预置 Action 常量，应用也可以自定义 Action。系统预置的 Action 常量定义在 IntentConstants 中，可以扫码查看完整的 Action 列表。例如 IntentConstants.ACTIONHOME 表示返回桌面动作，IntentConstants.ACTIONSENDSMS 表示打开发短信页面，IntentConstants.ACTIONDIAL 表示打开拨号页面等。所有动作常量有一个特点，都是以 ACTION 开始的。

完整 Action 列表

- Entity：表示类别，通常使用系统预置 Entity，应用也可以自定义 Entity。例如 Intent.ENTITY_HOME 表示在桌面显示图标。
- Uri：表示 Uri 描述。如果在 Intent 中指定了 Uri，则 Intent 将匹配指定的 Uri 信息，包括 scheme、schemeSpecificPart、authority 和 path 信息。

6.4 Page Ability 的生命周期

Page Ability 和 AbilitySlice 的生命周期都是一样的。所以，我们只需要介绍 Page Ability 的生命周期，大家就能理解 AbilitySlice 的生命周期了。一般来说，用户的操作行为（如 UI 操作、物理键操作），还有系统的操作，如系统因资源不足终止了某个程序，都会导致页面的生命周期发生变化。

Page Ability 的生命周期中不同状态转换如图 6-7 所示。

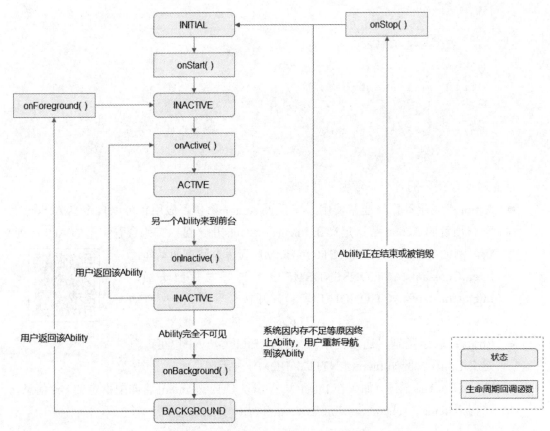

图 6-7 Page Ability 的生命周期示例图

Page Ability 一共有 4 种状态和 6 种生命周期回调函数。生命周期回调函数是指当达到某种状态的时候，系统会调用这个函数。在这个函数中，我们可以实现某种特定的功能。Page Ability 的 4 种状态如表 6-1 所示。

表 6-1 Page Ability 的 4 种状态及其描述

状态	名字	描述
INTIAL	初始化状态	也就是页面刚刚启动的状态，需要展示页面的
INACTIVE	闲置 / 激活状态	页面马上要被展示出来的状态，该状态表示初始化完毕，也就是在内存中，但是还没有展示出来的状态
ACTIVE	活跃 / 非激活状态	活跃状态表示正在和用户交互的状态
BACKGROUND	隐藏状态	表示处于后台运行的状态

图 6-7 中灰色的椭圆框表示状态，方形框表示生命周期回调函数。生命周期回调函数一共有 6 个，如表 6-2 所示。

表 6-2 Page Ability 6 种生命周期回调函数及其描述

生命周期回调函数	描述
onStart( )	开始一个 Ability
onActive( )	页面从非激活状态 (INACTIVE) 到前台状态
onInactive( )	激活状态

续表

生命周期回调函数	描述
onBackground( )	非激活状态
onForeground( )	后台状态
onStop( )	Ability 被结束或者销毁的时候

这几个函数的详细含义如下：

onStart( ) 函数：当系统首次创建页面实例的时候，会调用该函数。对于一个页面实例，该回调函数在其生命周期过程中仅触发一次，也就是一旦 onStart( ) 函数被调用，那么就算状态再回到 INTIAL 状态，进入下一个状态之前，也不会再调用 onStart( ) 方法了，所以只需一次初始化的处理过程，就可以写在 onStart( ) 函数中。页面在该函数执行后，将进入非激活状态 (INACTIVE)。开发者必须重写 onStart( ) 方法，并在此配置默认展示的 AbilitySlice。

onActive( ) 函数：当页面从后台到前台的过程中，会调用 onActive( ) 函数，并且状态从闲置状态转到活跃状态。这个函数调用后，页面进入 ACTIVE 状态，该状态下，用户可以看到页面，并与页面产生交互。当用户不想和页面交互了，例如用户单击返回键或导航到其他页面中，或者使该页面失去焦点，系统会调用 onInactive( ) 回调函数，使页面回到 INACTIVE 状态。

激活状态 (ACTIVE) 和非激活状态 (INACTIVE) 是可以互相无限次转换的。当激活状态 (ACTIVE) 转换到非激活状态 (INACTIVE) 的时候，会调用 onActive( ) 函数；当非激活状态 (INACTIVE) 转换到激活状态 (ACTIVE) 的时候，会调用 onInactive( ) 函数。onActive( ) 函数和 onInactive( ) 函数总是成对实现的，一般在 onActive( ) 中获取资源，在 onInactive( ) 中释放资源。

onInactive( ) 函数：当页面失去焦点时，系统将调用此回调函数，此后页面进入非激活状态 (INACTIVE)。开发者可以在此回调函数中实现页面失去焦点后要做的操作。

onBackground( ) 函数：如果页面不再对用户可见，系统将调用此回调函数通知开发者用户进行相应的资源释放，此后页面进入 BACKGROUND 状态。开发者应该在此回调函数中释放页面不可见时无用的资源，或在此回调函数中执行较为耗时的状态保存操作。

onForeground( ) 函数：当页面重新回到前台时，例如该页面被重新打开，会调用 onForeground( ) 函数。状态从后台状态 (BACKGROUND) 转到非激活状态 (INACTIVE)，开发者需要在此状态中重新申请资源，为应用的显示做好准备。

onStop( ) 函数：当系统将要销毁页面的时候，将会调用该函数，该函数会触发页面资源的销毁。销毁页面的可能情况有以下几种：

- 用户关闭指定的页面，例如任务管理器可以杀死页面。
- 应用退出的时候，例如不断按返回键，会触发页面的 terminateAbility( ) 方法调用，这时候会调用 onStop( ) 函数。
- 配置变更导致系统暂时销毁页面并重建。

- 系统资源比较紧张的时候，会自动释放一些资源，这时候会触发后台状态（BACKGROUND）的页面进入销毁流程。

AbilitySlice 作为 Page Ability 的组成单元，其生命周期是依托于其所属 Page Ability 的生命周期的。AbilitySlice 和 Page Ability 具有相同的生命周期状态和同名的回调，当 Page Ability 的生命周期发生变化时，它的 AbilitySlice 也会发生相同的生命周期变化。

6.5 Page Ability 的生命周期案例

阐述了这么多关于生命周期的理论知识，是时候通过一个例子实战一下了。本案例展示了在状态回调函数中插入日志，然后通过改变程序的不同状态，来观察日志的情况，从而验证 6.4 节的生命周期执行过程。大家可以通过单击应用程序，将应用程序切换到后台，来查看程序的各种状态。相应代码可在本书代码文件的 chapter6\Lifecycle 中找到。

下面的代码，重载了 Ability 的 onStart( )、onActive( )、onInactive( )、onBackground( )、onForeground( )、onStop( ) 这几个函数，当这些函数被触发的时候，会在日志窗口打印出一条日志出来。

```java
package com.hellodemos;

import com.hellodemos.slice.MainAbilitySlice;
import ohos.aafwk.ability.Ability;
import ohos.aafwk.content.Intent;
import ohos.hiviewdfx.HiLog;
import ohos.hiviewdfx.HiLogLabel;

public class MainAbility extends Ability {

    public static final HiLogLabel HI_LOG_LABEL = new HiLogLabel(HiLog.LOG_APP, 0x00202, "MainAbility");

    @Override
    public void onStart(Intent intent) {
        super.onStart(intent);
        super.setMainRoute(MainAbilitySlice.class.getName());
        HiLog.info(HI_LOG_LABEL, "执行onStart方法------");
    }
```

```java
@Override
protected void onActive() {
    super.onActive();
    HiLog.info(HI_LOG_LABEL, "执行 onActive 方法------");
}

@Override
protected void onInactive() {
    super.onInactive();
    HiLog.info(HI_LOG_LABEL, "执行 onInactive 方法------");
}

@Override
protected void onBackground() {
    super.onBackground();
    HiLog.info(HI_LOG_LABEL, "执行 onBackground 方法------");
}

@Override
protected void onForeground(Intent intent) {
    super.onForeground(intent);
    HiLog.info(HI_LOG_LABEL, "执行 onForeground 方法------");
}

@Override
protected void onStop() {
    super.onStop();
    HiLog.info(HI_LOG_LABEL, "执行 onStop 方法------");
}
}
```

执行本程序，反复将程序在前后台切换，可以看到如图 6-8 所示的日志，通过这些日志，能了解整个 Ability 的执行过程。

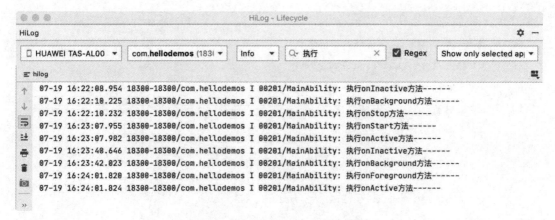

图 6-8　Ability 后台执行日志打印图

AbilitySlice 的生命周期和 Ability 类似，我们写了同样的代码来验证 AbilitySlice 的生命周期，代码如下：

```
package com.hellodemos.slice;

import com.hellodemos.ResourceTable;
import ohos.aafwk.ability.AbilitySlice;
import ohos.aafwk.content.Intent;
import ohos.hiviewdfx.HiLog;
import ohos.hiviewdfx.HiLogLabel;

public class MainAbilitySlice extends AbilitySlice {

    public static final HiLogLabel HI_LOG_LABEL = new HiLogLabel(HiLog.LOG_APP, 0x00202, "MainAbilitySlice");

    @Override
    public void onStart(Intent intent) {
        super.onStart(intent);
        super.setUIContent(ResourceTable.Layout_ability_main);
        HiLog.info(HI_LOG_LABEL, "执行onStart方法------");
    }

    @Override
    protected void onActive() {
        super.onActive();
        HiLog.info(HI_LOG_LABEL, "执行onActive方法------");
```

```
    }

    @Override
    protected void onInactive() {
        super.onInactive();
        HiLog.info(HI_LOG_LABEL, "执行 onInactive 方法------");
    }

    @Override
    protected void onBackground() {
        super.onBackground();
        HiLog.info(HI_LOG_LABEL, "执行 onBackground 方法------");
    }

    @Override
    protected void onForeground(Intent intent) {
        super.onForeground(intent);
        HiLog.info(HI_LOG_LABEL, "执行 onForeground 方法------");
    }

    @Override
    protected void onStop() {
        super.onStop();
        HiLog.info(HI_LOG_LABEL, "执行 onStop 方法------");
    }
}
```

6.6 Data Ability 的使用

前面介绍了有页面的 Feature Ability，本节将介绍无页面的 Particle Ability。Particle Ability 由 Service Ability 和 Data Ability 组成，本节主要讲解 Data Ability。

Data Ability 的作用是帮助应用程序管理对自己和其他应用程序存储的数据的访问，并提供与其他应用程序共享数据的方法。Data Ability 可用于同一设备上或不同设备上的应用程序之间的数据共享。

数据可以存储在数据库中，也可以存储在磁盘的文件中。Data Ability 提供了插入、删除、更新和查询数据及打开文件的方法。

6.6.1 URI 数据定位

Data Ability 是用来存储数据的，要标识一个数据所在的位置，可以通过 URI 来实现。URI（Uniform Resource Identifier）是统一资源标识符。通过 URI 可以唯一地表示某个数据，就像 URL 能表示网页的地址一样，URI 也能表示数据的位置。URI 分段及其各段含义如图 6-9 所示。

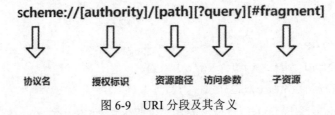

图 6-9 URI 分段及其含义

URI 的格式为：
- scheme：协议名，命名必须以字母开始。字母、数字、加号（+）、句点（.）、短横线（-）都是合法字符。大小写不敏感，一般用小写。名字后面紧跟一个冒号（:）。我们平时接触比较多的协议有 http(s)、ftp、mailto、file 等。鸿蒙系统中使用"dataability"代表鸿蒙的 Data Ability 所使用的协议类型。
- 双斜杠 (//)：跟在 scheme 后面，作为分隔符。
- authority：授权标识，一般有两个用途：

第一，在 URI 中一般用来做身份认证，如 ftp 协议"ftp://user:password@192.168.0.1:21/profile"，其中 user:password 就是用来做身份认证的。user 表示用户，password 表示密码。

第二，指定服务器地址和 IP，上例中的"192.168.0.1:21"表示 IP 和端口。
- path：资源路径信息，包含数据或数据的信息。路径一般是分层的，用斜杠（/）来分开。
- query：访问参数。
- fragment：可以用于指示要访问的子资源。

6.6.2 DataAbilityHelper 数据访问

了解了数据存储在哪里，还需要知道一个数据存储类 DataAbilityHelper。它是帮助应用程序存取数据的一个类，一般来说，数据被存储在两类文件中：文本或二进制文件中；数据库文件中。

DataAbilityHelper 提供了访问文件或数据系统的抽象函数，使用 DataAbilityHelper 可以访问文件或数据库。这样做的好处是接口是统一的，开发者不用熟悉两套 API。

首先来看一下 DataAbilityHelper 怎么访问文件。

6.6.3 创建 DataAbilityHelper 实例

DataAbilityHelper 的 creator( ) 函数可以创建一个数据能力对象，通过这个对象可以操作相应数据。creator( ) 函数是一个静态函数，有 3 个重载方法，原型分别如下：

```
public static DataAbilityHelper creator(Context context)
```

根据上下文（Context）创建一个 DataAbilityHelper 实例，这个实例是没有指定针对哪个资源 URI 操作的实例。

```
public static DataAbilityHelper creator(Context context, Uri uri)
```

根据上下文（Context）、资源（Uri）创建一个 DataAbilityHelper 实例。Uri 参数代表要操作的数据库或文件资源路径。

```
public static DataAbilityHelper creator(Context context, Uri uri, boolean tryBind)
```

根据上下文（Context）、资源（Uri）创建一个 DataAbilityHelper 实例。其中，tryBind 为 true 表示该 Context 的进程退出，数据存储进程也退出，反之亦然。

本例在界面启动的时候，除了获取界面中各个组件的引用外，还会调用 initDatabaseHelper( ) 函数，主要完成数据库初始化相关的操作，源代码如下：

```
private void initDatabaseHelper() {
    databaseHelper = DataAbilityHelper.creator(this);
    databaseHelper.registerObserver(Uri.parse(Const.BASE_URI), dataAbilityObserver);
}
```

其中，DataAbilityHelper.creator 主要用于创建一个数据库操作实例。databaseHelper.registerObserver 用于注册一个观察者，用于观察指定数据的变化，例如数据增加后，删除后，都会调用这个观察者 dataAbilityObserver 的函数。

观察者函数如下：

```
private IDataAbilityObserver dataAbilityObserver = () -> {
    HiLog.info(LABEL_LOG, "%{public}s", "database change");
    query(true);
};
```

首先打印一条日志信息，提示数据发送了变化。
接着调用 query( ) 函数，对数据库进行查询，函数体具体内容见 6.6.5 节。

6.6.4 定义界面

为了方便操作，我们定义了一个界面，按照规范，界面的 XML 文件定义在 resource/base/layout/main_ability_slice.xml 文件中。XML 布局及其对应界面效果如图 6-10 所示。

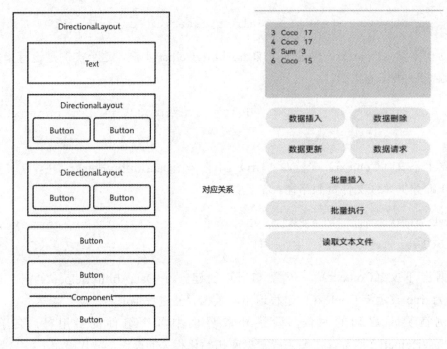

图 6-10　XML 布局对应界面效果图

界面主要由方向布局、文本框、按钮组成，从图 6-10 中，很容易看出整个部署的包含关系。

在 slice / MainAbilitySlice.java 中的 onStart( ) 函数中，调用 initComponent( ) 函数，获取界面中的按钮，并为其设置单击事件监听函数。

```
private void initComponents() {
    Component insertButton = findComponentById(ResourceTable.Id_insert_button);
    insertButton.setClickedListener(this::insert);
    Component deleteButton = findComponentById(ResourceTable.Id_delete_button);
    deleteButton.setClickedListener(this::delete);
    Component updateButton = findComponentById(ResourceTable.Id_update_button);
    updateButton.setClickedListener(this::update);
    Component queryButton = findComponentById(ResourceTable.Id_query_button);
```

```
        queryButton.setClickedListener(component -> query(false));
        Component batchInsertButton = findComponentById
(ResourceTable.Id_batch_insert_button);
        batchInsertButton.setClickedListener(this::batchInsert);
        Component batchExecuteButton = findComponentById
(ResourceTable.Id_batch_execute_button);
        batchExecuteButton.setClickedListener(this::batchExecute);
        Component readFileButton = findComponentById(ResourceTable.
Id_read_file_button);
        readFileButton.setClickedListener(this::readTextFile);
        logText = (Text) findComponentById(ResourceTable.Id_log_
text);
    }
```

findComponentById( ) 函数表示通过 id 获取相应的组件，这里获取了按钮和文本组件 logText。这些按钮主要是用于操作数据库，所以接着来看一下数据库相关操作。

setClickedListener( ) 函数为组件设置单击监听事件，当我们单击这些按钮时，会执行这些参数中的函数，函数体的具体内容见以下几节。

6.6.5　数据查询 query 函数

查询数据使用 DataAbilityHelper 的 query( ) 函数，其原型如下：

```
public ResultSet query(Uri uri, String[] columns,
DataAbilityPredicates predicates) throws DataAbilityRemoteException
```

各个参数的含义如下：
- uri：要请求数据的资源 URI。
- columns：字符串数组，表示要请求数据库中的哪几列；为 null 时，表示所有列都需要返回。
- predicates：谓词，数学中一般表示判断逻辑，例如 3>2 就是一个谓词。

如果执行过程中有错误，会抛出 DataAbilityRemoteException 异常。DataAbilityRemoteException 是一个远程进程退出异常。

6.6.6　谓词 DataAbilityPredicates

谓词表示了判断逻辑，用来构造 SQL 语句。DataAbilityPredicates 可以用来构造查询条件。谓词有三个构造函数，原型如下：

```
public DataAbilityPredicates()
public DataAbilityPredicates(String rawSelection)
public DataAbilityPredicates(Parcel source)
```

- 第一个没有参数的构造函数用于创建一个无参谓词实例。
- 在第二个构造函数中，参数为字符串参数 rawSelection，表示使用一个 SQL 语句去创建一个操作谓词。
- 在第三个构造函数中，参数是 source，类型为 Parcel。Parcel 是一个包裹类型，代表着一包数据。

6.6.7　谓词 DataAbilityPredicates 的常用函数

谓词代表着一种操作，这种操作是用来构造 SQL 语句的。构造 SQL 语句的函数很多，我们将主要的几种列出来（见表 6-3），供大家学习。

掌握这些函数就可以灵活地构造所有 SQL 语句。学习这些函数以前，应该先熟悉 SQL 语法。

表 6-3　DataAbilityPredicates 的常用函数

函数	含义
beginsWith(String field, String value)	field 中的字段值如果以 value 开始，那么就会选中该行记录
between(String field, double low, double high)	field 字段中的值在 low 和 high 之间，就会被选中
between(String field, Timestamp low, Timestamp high)	field 中的时间值在 low 和 high 之间，就会被选中
between(String field, Date low, Date high)	field 中的日期在 low 和 high 之间，就会被选中
contains(String field, String value)	field 中的值包含 value 中的值，就会被选中
endsWith(String field, String value)	field 中的值以 value 结尾，就会被选中
equalTo(String field, boolean value)	field 中的值等于 value（这里的 value 是 boolean 类型），就会被选中
equalTo(String field, Calendar value)	field 中的值等于 value，这里的 value 是日历类型，就会被选中
greaterThan(String field, float value)	field 中的值大于 value，就会被选中
groupBy(String[ ] fields)	以 fields 数组中的字段进行分组查询
in(String field, double[ ] values)	field 中的值在给定的 values 数组中，就会被选中
isNotNull(String field)	field 中的值不为空，就会被选中
lessThan(String field, double value)	field 中的值小于 value，就会被选中
lessThanOrEqualTo(String field, float value)	field 中的值小于等于 value，就会被选中
limit(int value)	limit 表示最多获取多少条数据
notBetween(String field, double low, double high)	field 中的值不在 low 和 high 之间，就会被选中
notEqualTo(String field, boolean value)	field 中的值不等于 value，就会被选中
notIn(String field, float[ ] values)	field 中的值不在给定的 values 数组中，就会被选中
offset(int rowOffset)	结果集从 rowOffset 开始被选中

续表

函数	含义
orderByDesc(String field)	以 field 降序排列
setOrder(String order)	设置排序的字段

6.6.8 DataAbilityPredicates 举例

下面是一个使用 DataAbilityPredicates 的例子：查询数据库中 userId 字段的值在 2~4 的记录，并返回这些记录的 "name" "age" "userId" 这几个字段。

```
// 查询的字段，也就要是查询数据库中的哪几列
String[] columns = new String[]{"name","age","userId"};

// 创建谓词对象，用来构造查询条件
DataAbilityPredicates predicates = new DataAbilityPredicates();

// 查询 userId 在 2 到 4 之间的数据
predicates.between("userId", 2, 4);

try {
    // 执行查询函数 query()，第一个参数表示要查询数据的地址，第二个参数是要查询的字段，第三个参数是谓词
    ResultSet resultSet = databaseHelper.query(Uri.parse("dataability:///com.hellodemos.userdata/person"), columns, predicates);

} catch (DataAbilityRemoteException | IllegalStateException exception) {
    HiLog.error(LABEL_LOG, "%{public}s", "query: dataRemote exception|illegalStateException");
}
```

6.6.9 向存储中插入数据

数据插入有两个函数：一个是单条数据插入 insert( )，一个是批量插入数据 batchInsert( )。单条数据插入 insert( ) 的原型如下：

```
public int insert(Uri uri, ValuesBucket value) throws
DataAbilityRemoteException
```

各个参数及返回值的含义如下：
- uri：要请求数据的资源 URI。
- value：一个要插入的数据对象的实例。ValuesBucket 是数据对象，后面会做详细说明。
- 异常：如果执行过程中有错误，会抛出 DataAbilityRemoteException 异常。DataAbilityRemoteException 是一个远程进程退出异常。
- 返回值是一个 int 类型。返回被插入数据的索引 id。

6.6.10 ValuesBucket

ValuesBucket 用于存放要插入数据库的数据。ValuesBucket 有 4 个构造函数，一般用到其中 2 个就可以了。

```
public ValuesBucket()
```

没有参数的 ValuesBucket( ) 会生成一个 ValuesBucket 实例。

```
public ValuesBucket(int size)
```

加上参数可以生成一个大小为 size 的 ValuesBucket。

ValuesBucket 中可以放不同类型的数据，如 String、Byte、Short、Integer、Long、Float、Double、Boolean ByteArray、Null 等几乎所有类型。如果要放入这些类型的数据，可以使用 putStirng( )、putByte( )、putShort( )、putInteger( )、putLong( )、putFloat( )、putDouble( )、putBoolean( )、putByteArray( )、putNull( ) 等函数。

以 putString( ) 函数为例，该函数是将一个字符串放到数据表的某一列中，putString( ) 原型如下：

```
public void putString(String columnName, String value)
```

各个参数及返回值的含义如下：
- columnName：数据库中的列名。
- value：要放入数据库的字符串值。
- void：返回空值。

putByteArray( ) 函数是将一个 byte 数组放到数据表的某一列中，putByteArray( ) 原型如下：

```
public void putByteArray(String columnName, byte[] value)
```

各个参数及返回值的含义如下：
- columnName：数据库中的列名。
- value：要放入数据库的二进制数据。
- void：返回空值。

其他 API 函数的文档可以扫码查看。

API 函数文档

基本所有的 put* 函数的参数都是一样的，所以学会使用一个，就会使用全部函数了，真正实现了举一反三。

学习了如何声明 ValuesBucket，下面的代码是使用 insert( ) 插入数据：

```
ValuesBucket valuesBucket = new ValuesBucket();
valuesBucket.putString("name", name);
valuesBucket.putInteger("age", age);
try {
    databaseHelper.insert(Uri.parse("dataability:///hellodemos.com/person"), valuesBucket);
} catch (DataAbilityRemoteException | IllegalStateException exception) {
    HiLog.error(LABEL_LOG, "%{public}s", "insert: dataRemote exception|illegalStateException");
}
```

前面 3 行是声明一个 ValuesBucket 对象，然后向该对象放入了一个 name 和 age 值。ValuesBucket 可以以键值对的方式放入不同类型的值。

- databaseHelper.insert 表示插入数据，第一个参数是数据的 URI，第二个参数是容纳数据的 valuesBucket 对象。
- dataability:///hellodemos.com/person 是一个 URI。这里省略了设备 id，表示当前设备。

最后是一个 try…catch 语句，因为 databaseHelper.insert( ) 函数很可能因为数据库插入原因发生异常，处理异常能防止程序崩溃，是一个好习惯。

6.6.11 向存储中批量插入数据

除了每次插入一条数据，也可以使用 batchInsert( ) 来批量插入数据，batchInsert( ) 的原型如下：

```
public int batchInsert(Uri uri, ValuesBucket[] values) throws DataAbilityRemoteException
```

各个参数及返回值的含义如下：
- uri：要请求数据的资源 URI。

- values:一个要插入的数据对象的数组,表示有多条数据需要插入。
- 异常:如果执行过程中有错误,会抛出 DataAbilityRemoteException 异常。DataAbilityRemoteException 是一个远程进程退出异常。
- 返回值是一个 int 类型。返回被插入数据的索引 id。

注意:一次不要插入太多条数据,避免引起失败,一般应小于 20 条。

6.6.12 从存储中删除数据

有插入数据,就有删除数据,删除数据使用 delete( ) 函数,可以删除一条或多条数据,其原型如下:

```
public int delete(Uri uri, DataAbilityPredicates predicates) throws DataAbilityRemoteException
```

各个参数及返回值的含义如下:
- uri:要删除数据的资源 URI。
- predicates:一个表示删除哪些数据的谓词。
- 异常:如果执行过程中有错误,会抛出 DataAbilityRemoteException 异常。DataAbilityRemoteException 是一个远程进程退出异常。
- 返回值是一个 int 类型,返回一共删除了多少条数据。

6.6.13 update 函数

数据更新有一个函数,数据更新 update( ) 函数的原型如下:

```
public int update(Uri uri, ValuesBucket value, DataAbilityPredicates predicates) throws DataAbilityRemoteException
```

各个参数及返回值的含义如下:
- uri:要更新数据的资源 URI。
- value:一个要更新的数据对象的实例。
- predicates:更新的条件谓词。只有被谓词选择的数据才能被更新。
- 返回值是一个 int 类型。返回被更新数据的条数。

更新函数可能会抛出三种异常,分别是:
- DataAbilityRemoteException:远程调用的进程出现异常时抛出这个异常。
- IllegalStateException:如果 dataAbility 不存在则抛出这个异常。
- NullPointerException:URI 为空的时候,抛出异常。

update( ) 函数具体代码如下所示:

```
DataAbilityPredicates predicates = new DataAbilityPredicates();
predicates.equalTo("userId", 1);

ValuesBucket valuesBucket = new ValuesBucket();
valuesBucket.putString("name", "Tom_update");
valuesBucket.putInteger("age", 0);
try {
    databaseHelper.update(Uri.parse("dataability:///ohos.samples.userdata/person", valuesBucket, predicates);
} catch (DataAbilityRemoteException | IllegalStateException exception) {
    HiLog.error(LABEL_LOG, "%{public}s", "update: dataRemote exception|illegalStateException");
}
```

- 前两行定义了一个 predicates 谓词，选取 userId 等于 1 的数据库的记录。
- 然后声明了一个 valuesBucket 对象，然后向该对象放入了一个新的 name 和 age 值。ValuesBucket 可以以键值对的方式放入不同类型的值。
- 最终通过 databaseHelper.update( ) 函数更新数据。

6.7 数据存取综合案例

为了巩固本章的知识点，下面以一个实例来讲解数据的增删改查等功能，效果如图 6-11 所示。代码在本书代码文件的 chapter6\DataAbility 可以找到。

通过本例的学习，大家能掌握基本的数据库及文件读写操作：

- 数据插入功能：随机插入数据，其中 name 和 age 为随机内容。userId 为自增。
- 数据删除功能：删除 userId 为 1 和 2 的数据。
- 数据更新功能：将 userId 为 1 的数据的 name 更新为 Tom_update，age 更新为 0。
- 数据请求（查询）功能：查询 userId 为 2~4 的数据，即 2、3、4 的数据。
- 批量插入功能：每次批量随机插入 2 条数据。
- 批量执行功能：批量执行几种操作，如更新、删除同时进行。
- 读取文本文件：读取文本文件的内容，然后显示出来。

图 6-11　增删改查实例界面效果图

6.7.1　申请权限

访问数据需要在配置文件 config.json 中设置权限，如果不声明权限，那么应用就无法访问数据。从安全性来讲，只有声明的权限，才能被打开。这是有好处的，这样应用就不能对没有声明的权限做操作。用户可以控制某个应用的权限，例如让某个应用没有读取通讯录的权限，这样权限对用户而言就透明了，用户可以选择某个应用只支持某几个权限了。本例的 config.json 文件最后几行如下：

```
"reqPermissions": [
  {
    "name": "ohos.permission.WRITE_USER_STORAGE"
  },
  {
    "name": "ohos.permission.READ_USER_STORAGE"
  },
  {
```

```
      "name": "ohos.dataability.CustomPermission"
    }
  ]
```

reqPermissions 即 request Permissions，表示本应用需要的权限，这里声明了三个权限，这三个权限的含义如下：

- ohos.permission.WRITE_USER_STORAGE：允许应用程序创建或删除文件，或将数据写入设备存储中的文件。
- ohos.permission.READ_USER_STORAGE：允许应用程序读取文件。
- ohos.dataability.CustomPermission：这是自定义权限。如下：

```
"abilities": [
  {
    "name": ".UserDataAbility",
    "type": "data",
    "visible": true,
    "uri": "dataability://com.hellodemos.userdata",
    "permissions": [
      "ohos.dataability.CustomPermission"
    ]
  }
]
```

这里定义了一个自定义数据权限，权限名叫 .UserDataAbility。类型 type 为 data。uri 字段定义了要访问的资源路径。permissions 中就是自定义的权限标识。

6.7.2 权限请求

非敏感权限在 config.json 文件中声明后会自动授予，敏感权限必须要在代码中动态申请。哪些权限属于敏感或非敏感权限可扫码参考网页中的文档。

权限文档

请求权限的代码示例如下：

```
private void requestPermissions() {
    if (verifySelfPermission(SystemPermission.WRITE_USER_
STORAGE) != IBundleManager.PERMISSION_GRANTED) {
            requestPermissionsFromUser(new String[]
{SystemPermission.WRITE_USER_STORAGE}, 0);
    }
```

}
```

这个函数用来请求权限，verifySelfPermission( )函数检查当前的进程是否有某个权限，参数为需要验证的权限名，原型如下：

```
public int verifySelfPermission(String permission)
```

如果当前进程有这个权限，则返回0 (IBundleManager.PERMISSION_GRANTED)，如果没有这个权限，那么返回-1(IBundleManager.PERMISSION_DENIED)。

本例中，通过verifySelfPermission( )验证进程是否有用户写权限WRITE_USER_STORAGE，如果没有就通过requestPermissionsFromUser( )函数申请一个。requestPermissionsFromUser( )原型如下：

```
public void requestPermissionsFromUser(String[] permissions, int requestCode)
```

各个参数及返回值的含义如下：

- permissions：需要申请的权限的字符串数组。
- requestCode：返回给onRequestPermissionsFromUserResult回调函数的数字，不能为负数。

requestPermissionsFromUser( )函数是一个异步函数，当请求权限完成后，会触发onRequestPermissionsFromUserResult( )函数，将权限请求结果通过参数告知这个函数，onRequestPermissionsFromUserResult( )的函数原型如下：

```
public void onRequestPermissionsFromUserResult(int requestCode, String[] permissions, int[] grantResults)
```

各个参数及返回值的含义如下：

- requestCode：从requestPermissionsFromUser( )函数传递过来的代码，用于区分是哪个requestPermissionsFromUser( )函数传递过来的。
- permissions：requestPermissionsFromUser( )函数申请的权限，回调时传递过来。
- grantResults：授权的结果，0表示授权成功，-1表示授权失败。

在MainAbility.java类中，举例：

```
@Override
public void onRequestPermissionsFromUserResult(int requestCode, String[] permissions, int[] grantResults) {
    // 判断参数值是否合法，如果不合法就直接返回，不做任何操作
    if (permissions == null || permissions.length == 0 ||
grantResults == null || grantResults.length == 0) {
        return;
```
```

```
        }
        // 请求值为 0，表示是前面的申请 SystemPermission.WRITE_USER_
STORAGE 这个权限的回调
        if (requestCode == 0) {
            // 授权结果，如果授权成功，则执行 writeToDisk() 函数
            if (grantResults[0] == IBundleManager.PERMISSION_
GRANTED) {
                writeToDisk();
            }
        }
    }
```

大家详细看一下注释，应该就理解十之八九了。其中 grantResults 为什么是一个数组呢？原因是用户可能同时申请几个权限，其中每个权限申请是否成功，就对应 grantResults 中的一个值。这里只申请了一个权限，所以只对应 grantResults[0] 这个值。关于权限相关的详细知识将在后面的章节中介绍。

6.7.3 writeToDisk 函数

代码中的 writeToDisk( ) 函数是写文件到磁盘中，只有申请成功写磁盘后，才会调用这个函数。

writeToDisk( ) 函数复制代码 chapter6\DataAbility\entry\resources\rawfile\userdataability.txt 文件到外部存储中。这个函数源代码为：

```
    private void writeToDisk() {
        // 原文件路径
        String rawFilePath = "entry/resources/rawfile/
userdataability.txt";
        // 目标文件路径
        String externalFilePath = getFilesDir() + "/userdataability.
txt";

        // 如果目标文件存在，直接返回，不复制
        File file = new File(externalFilePath);
        if (file.exists()) {
            return;
        }
```

```java
        // 获得源文件
        RawFileEntry rawFileEntry = getResourceManager().getRawFileEntry(rawFilePath);

        // 打印文件复制到的文件地址
        HiLog.info(LABEL_LOG, "%{public}s", externalFilePath);

        // 打开目标文件文件流,如果成功,准备写文件
        try (FileOutputStream outputStream = new FileOutputStream(new File(externalFilePath))) {
            // 获取源文件资源
            Resource resource = rawFileEntry.openRawFile();
            // 复制大文件用,每次复制1024字节。
            byte[] cache = new byte[1024];
            // 依次读取源文件内容,写到cache中
            int len = resource.read(cache);

            // 每次读取的文件大小,如果为-1,表示已经到文件末尾了
            while (len != -1) {
                // 将缓存中的内容,写到目标文件中,一般len为1024,最后一次
// 可能读不到1024字节,所以最后一次len可能等于小于1024
                outputStream.write(cache, 0, len);
                // 继续读取源文件,用于写入目标文件
                len = resource.read(cache);
            }
        } catch (IOException exception) {
            // 如果有异常,打印异常日志。
            HiLog.error(LABEL_LOG, "%{public}s", "writeToDisk: IOException");
        }
    }
```

6.8 小结

本章主要讲解了 Ability 的概念和使用。Ability 分为有页面的 Feature Ability 和无页面的 Particle Ability，Feature Ability 目前只支持 Page Ability，Particle Ability 支持 Service Ability 和 Data Ability。针对 Page Ability 我们主要讲解了页面的获取、跳转、生命周期、意图对象等内容，针对 Data Ability 我们讲解了数据的增删改查，并举了一个实例。本章内容为鸿蒙 App 开发的基础，十分重要，大家需要多加练习。

第 7 章
日志

程序生产环境中出现了问题，一群程序员在一起讨论，经常会说的一句话是："如果当时在这里加一句日志就好了。"遇到那些无法重现的问题，程序员还经常会说："如果这句日志打印的参数信息能更完整就好了，这样就知道出现这个问题的时候的各个参数值了。"如果你也遇到过这样的场景，一定会对这几句话印象特别深刻，这充分说明了日志在程序中的重要性。诚然，在解决程序问题的过程中，越丰富的日志能为分析程序问题提供越充足的上下文，帮助工程师了解问题的本源，从而促进问题的解决。

7.1 鸿蒙系统中的日志

初学者经常会用 System.out.println( ) 在控制台打印日志文件。这是 Java 打印日志的基本用法，但是这种用法效率很低，格式化能力不强，不支持按照 Tag 标签进行分类日志打印，有很多缺点。所以，对于高级程序员来说，基本不使用 System.out.println( )。

鸿蒙系统提供了 HiLog 日志系统，HiLog 是鸿蒙系统内嵌的日志工具库。通过日志可以帮助开发者对程序进行调试，了解其运行状态。HiLog 日志系统可以按照指定类型、指定级别、指定格式字符串输出日志。

鸿蒙系统日志主要涉及两个类：HiLogLabel 和 HiLog。这两个类的含义如下：

HiLogLabel：日志标签，日志标签标示给某一条日志打一个标记，让阅读者知道这条日志是起什么作用的。

HiLog：日志类，负责打印各个等级的日志，日志等级会在后文介绍。

7.2 日志标签和日志等级

在输出日志之前，需要定义一个 HiLogLabel 标签。HiLogLabel 标签定义了日志的类型、服务域、标识等，即日志在日志输出框的显示格式。这些显示格式的作用，主要是为了筛选、查看日志。HiLogLabel 的原型如下：

```
HiLogLabel(int type, int domain, String tag)
```

各个参数的含义如下：

- type：表示日志的输出类型。目前 HiLog 只有一种 LOG_APP 类型，表示应用程序日志，未来可能有其他类型的日志。
- domain：表示输出日志所对应的业务领域，取值范围为 0x0~0xFFFFF，由开发者自定义。用十六进制表示业务领域其实不方便理解。
- tag：表示日志标识，一般为大写字符串，一般写为表示调用所在的类或者业务行为。

与 HiLogLabel 配合的是 HiLog 类。HiLog 是一个日志输出工具类。它是一个静态类，不需要实例化，直接可以使用其函数。HiLog 中定义了五种日志级别（见表7-1），同时提供了相应的方法来输出不同等级的日志。

表 7-1 不同等级日志的含义

等级	含义
debug	调试用信息。这是最低级别,一般用于打印一些调试用的信息
info	输出一些感兴趣的或者重要的信息。这个级别用得最多
warn	警告信息。某些信息不是错误信息,只是警告信息,如内存不足,是一个警告,并不会影响程序的运行,只是提醒程序员需要关注
error	错误信息。一般级别的错误
fatal	严重错误,级别比较高。这种级别可以直接停止程序

日志输出函数的函数原型一样,如代码清单所示:

```
    public static int debug(HiLogLabel label, String format, Object... args)
    public static int info(HiLogLabel label, String format, Object... args)
    public static int warn(HiLogLabel label, String format, Object... args)
    public static int error(HiLogLabel label, String format, Object... args)
    public static int fatal(HiLogLabel label, String format, Object... args)
```

各个函数的参数意义都是一样的,只是不同等级的日志函数不一样,参数含义如下:
- label:日志标签,是一个 HiLogLabel 类,该类中有日志类型、服务域和日志标识。
- format:一个表示日志格式的字符串,用于控制日志输出的格式。使用占位符来代替参数,具体占位符类型见后文。
- args:一个或者若干个参数。format 中有几个参数占位符,就有几个 args 参数。

7.3 日志的格式化

7.2 节的例子输出函数的第二个参数是 format,这个参数是一个字符串,用于控制日志输出的格式。format 格式化字符串可以有多种参数类型的占位符,例如:
- %s:参数类型为 string 的变参占位符,具体取值在 args 中定义。
- %i:参数类型为有符号整型数据的变参占位符,具体取值在 args 中定义。
- %d:与 %i 相同,%i 为老式写法,目前推荐使用 %d。

举个例子:

```
HiLog.warn(LABEL,"正在访问网站:%s,错误码原因为:%d.",url, errno);
```

这个例子中"%s"表示第一个参数url为字符串,"%d"表示第二个参数errno为整型。

某些时候,日志会输出一些敏感信息,如用户名和密码。这些信息有时候对调试程序非常有帮助,但是不分场合地将这些信息打印出来,会有安全问题。所以,鸿蒙日志系统提供了 {private} 和 {public} 两个占位符,它们具有如下含义:

- private:表示私有的,即日志打印结果不可见,意思是开发阶段的日志中看得见,但是运行到手机后,手机的控制台是隐藏的。很多信息只能在开发阶段可见,也是为了保护用户隐私,提高安全性。
- public:表示公有的,即日志打印结果可见,意思是不管在哪个阶段都是看得见的,不受限制。

举个例子:

```
String url = "www.baidu.com";
int errno = 0;
HiLog.warn(LABEL, "Failed to visit %{private}s, reason:%{public}d.", url, errno);
```

该行代码表示输出一个日志标签为 LABEL 的警告信息,格式字符串为:"Failed to visit %{private}s, reason:%{public}d."。其中变参 url 的格式为私有的字符串,是不显示的;errno 为公共的整型数,显示为 0。

7.4 日志的查看

当我们通过 HiLog.debug、HiLog.info、HiLog.warn、HiLog.error、HiLog.fatal 打印日志后,日志会被输出到 HiLog 窗口,或者写入文件中。DevEco Studio 开发环境提供了 HiLog 窗口,可以通过"View → Tool Windows → HiLog"菜单打开,如图 7-1 所示。

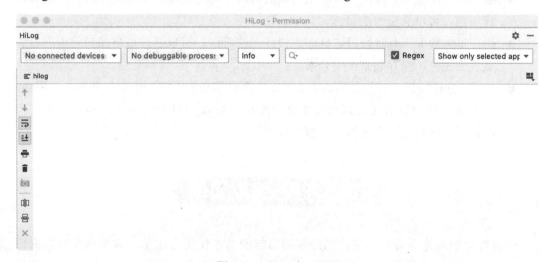

图 7-1　HiLog 窗口界面

HiLog 窗口一共有 4 个选择框和一个搜索框，从左到右分别表示：
- 设备选择框：查看在线的设备，如果有多个设备，可以通过这个选择框选择。
- 进程选择器：一个程序有多个进程，可以通过这个选择框来选择。
- 日志等级：要查看哪个等级的日志可以通过这个选择框来选择，下拉列表框中可以选择 debug、info、warn、error、fatal 等日志等级。
- 搜索框：通过关键字来搜索。搜索功能支持使用正则表达式，如果需要支持正则表达式，需要选择 Regex 复选框。
- 过滤选择框：可以根据一些过滤规则，如日志的内容、包名、进程 ID、日志等级来进程筛选，这相当于一个筛选器，根据预先定义的筛选规则进行日志的筛选。定义过滤规则界面如图 7-2 所示。

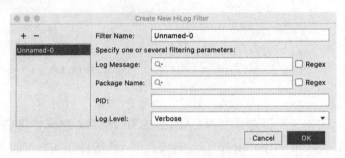

图 7-2　定义过滤规则界面

对于 HiLog 窗口，我们还需要了解该窗口左侧工具栏中各个按钮的功能。了解了这些功能，才能灵活地使用各个日志的功能。
- ：换行按钮。有时候一条日志太长，看起来不方便，可以单击该按钮启用换行，避免水平拖动来查看日志。
- ：跳转到底部按钮。单击该按钮可以跳到日志底部，查看最新的日志消息。
- ：将日志打印出来分析。一般用于比较复杂的日志分析。
- ：清空日志。该按钮可以清空窗口的日志。为避免以前日志的干扰，每次调试应用前，可以清空一次日志。
- ：日志截屏。有时候日志打印太快，无法看清，可以通过截屏按钮将当前日志截屏为图片，保存起来慢慢查看。
- ：分栏按钮。该按钮可进行左右、上下分屏分栏，将一个窗口变为 2 个窗格，每个新打开的窗格又可以被分为 2 个窗格。可以同时查看多个设备、多个进程的例子。特别适合于多线程调试的场景。

7.5　日志编程实例

经过前面的理论学习，相信你已经掌握日志的基本使用方法了。本实例在空白窗口中建立了一个按钮，单击按钮输入日志，案例效果如图 7-3 所示。相应代码可在本书代码文件的 chapter7\hiLog 中找到。

图 7-3 输入日志案例界面

首先，新建一个项目，如何新建项目见第 3 章。

其次，添加日志代码，在左边的项目窗口中依次找到"entry/src/main/java/com.hellodemos.hilog/slice/MainAbilitySlice.java"文件，如图 7-4 所示。

图 7-4 在项目窗口查找文件

在该文件中用代码添加一个按钮，然后通过按钮的单击事件打印日志，代码如下：

```
package com.hellodemos.hilog.slice;
```

```java
import com.hellodemos.hilog.ResourceTable;
import ohos.aafwk.ability.AbilitySlice;
import ohos.aafwk.content.Intent;
import ohos.agp.components.Button;
import ohos.agp.components.DirectionalLayout;
import ohos.agp.components.element.ShapeElement;
import ohos.hiviewdfx.HiLog;
import ohos.hiviewdfx.HiLogLabel;

public class MainAbilitySlice extends AbilitySlice {

    // 定义日志标签
    private static final HiLogLabel LABEL = new HiLogLabel(HiLog.LOG_APP, 0x00202, "HELLODEMOS_TAG");

    // 启动界面函数
    @Override
    public void onStart(Intent intent) {
        super.onStart(intent);
        // 定义一个DirectionalLayout布局，这个布局用于容纳按钮
        DirectionalLayout directionalLayout = new DirectionalLayout(getContext());

        // 实例化一个日志按钮
        Button logBtn = new Button(getContext());
        // 设置按钮上的文字
        logBtn.setText(" 输入日志 ");
        // 设置文字的大小
        logBtn.setTextSize(200);
        // 设置按钮的顶边距为100，左边距为200
        logBtn.setMarginTop(100);
        logBtn.setMarginLeft(200);
        // 设置按钮的内部填白（左，上，右，下）为（120，60，120，60）
        logBtn.setPadding(120,60,120,60);
        // 定义一个矩形形状元素作为背景，这个矩形的圆角为30,定义在resources/base/graphic/background.xml 资源文件中
```

```java
            ShapeElement backgroundElement = new ShapeElement(this,ResourceTable.Graphic_background);
            // 设置按钮的背景为backgroundElement
            logBtn.setBackground(backgroundElement);

            // 为按钮设置单击事件
            logBtn.setClickedListener(component -> {
                // 打印一条日志
                HiLog.info(LABEL, "你好,你现在成功地打印了一条日志,我们的代码在hellodemos.com可以下载。");
            });

            // 将按钮放到布局中
            directionalLayout.addComponent(logBtn);
            // 将布局设置到窗口中,这样这个布局就可以显示了
            super.setUIContent(directionalLayout);
            super.setUIContent(ResourceTable.Layout_ability_main);
    }

    @Override
    public void onActive() {
        super.onActive();
    }

    @Override
    public void onForeground(Intent intent) {
        super.onForeground(intent);
    }
}
```

再次,新建图形资源文件,在 Project 窗口,选择 "entry/src/main/resources/base/graphic",新建按钮背景的 background.xml 文件,示例代码如下:

```xml
<?xml version="1.0" encoding="UTF-8" ?>
<shape xmlns:ohos="http://schemas.huawei.com/res/ohos"
       ohos:shape="rectangle">
    <corners
        ohos:radius="30"/>
```

```
        <solid
            ohos:color="#009bfb"/>
</shape>
```

这个资源文件解释如下：
- 第一行是 XML 的版本及编码信息。
- 其他几行定义了一个 shape 形状，ohos:shape 定义了具体的形状，这里是矩形（rectangle）。
- shape 的子元素 corners 表示矩形的四角是圆角，其属性 ohos:radius 表示圆角大小为 30。
- shape 的子元素 solid 表示实心填充，填充色是蓝色（#009bfb）。

单击工具栏中的运行按钮（三角形按钮）就可以在模拟器或者真机上运行该项目了。

最后是查看日志，在 DevEco Studio 的底部，切换到 HiLog 窗口，即可看到不断滚动的日志了。由于 HiLog 中包含了一些鸿蒙系统日志信息，所以可以使用过滤选择框来过掉没用的日志。过滤后的日志打印界面如图 7-5 所示。

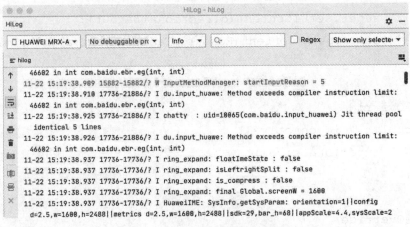

图 7-5　过滤后的日志打印界面

7.6　使用日志的常见错误

使用日志的过程中，有一些常见的错误需要我们尽可能避免，例如：

（1）不要使用 System.out.println( ) 打印日志。

正例：

```
HiLog.info(LABEL, "你好，你现在成功地打印了一条日志，我们的代码在 hellodemos.com 可以下载。");
```

反例：

```
System.out.println("你好,你现在成功地打印了一条日志,我们的代码在
hellodemos.com可以下载。");
```

(2)日志的 tag 标签不能是 "",日志的 tag 是空字符串没有任何意义,也不利于过滤日志。

正例:

```
// 定义日志标签
private static final HiLogLabel LABEL = new HiLogLabel(HiLog.
LOG_APP, 0x00202, "HELLODEMOS_TAG");
HiLog.info(LABEL, "你好,你现在成功地打印了一条日志,我们的代码在
hellodemos.com可以下载。");
```

反例:

```
HiLog.info("", "你好,你现在成功地打印了一条日志,我们的代码在
hellodemos.com可以下载。");
```

(3)不要把敏感信息打印到日志中。在应用开发的过程中,为了调试方便,经常会将一些关键信息打印出来。例如,在调试登录功能的时候,会将用户名和密码打印出来,而且密码经常是明文。如果这些信息在发布的应用中仍然被打印,会让应用程序更容易受到攻击和被破解,这时候需要对日志进行隐藏。%{private}s 修饰符只能在 debug 的时候打印信息。

正例:

```
String pwd="password"
HiLog.debug(LABEL, "密码是 %{private}s", pwd);
```

反例:

```
String pwd="password"
HiLog.debug(LABEL, "密码是 %s", pwd);
```

7.7 小结

本章介绍了鸿蒙系统的日志,主要展开介绍了日志标签(HiLogLabel 类)和日志等级(HiLog 类);通过介绍日志等级又引出了日志格式化,其格式化包括占位符和隐私标识;最后讲解了日志查看和实例。通过本章的学习,我们知道了日志对应用开发是非常必要的,一个清晰整洁的日志可以大大减少解决问题的时间,提高开发效率。

第 8 章
事件与通知

当不同的应用程序间需要通信时,公共事件是一种不错的解决方案。一个应用程序可以通过公共事件的方式将一些信息发送到其他应用程序。通知常常和事件相结合,主要用来提醒用户有来自该应用程序的信息。当应用程序向系统发出通知时,它将先以图标的形式显示在通知栏中,用户可以在下拉通知栏查看通知的详细信息。

8.1 什么是事件

事件是分布式系统的关键，可以起到将应用程序解耦的作用。鸿蒙提供了应用程序发布事件的方式 Common Event Service（CES）。事件可分为系统公共事件和自定义公共事件：

- 系统公共事件：鸿蒙系统根据系统策略向订阅该事件的应用程序发送的事件。此类公共事件包括终端设备用户知晓的亮灭屏事件和系统关键服务发布的系统事件，例如 USB 设备连接或断开、网络连接或断开和系统升级事件等。
- 自定义公共事件：应用程序可以发送自定义公共事件来处理自己的业务逻辑，例如通知其他应用程序一些信息。

CES 的架构如图 8-1 所示。

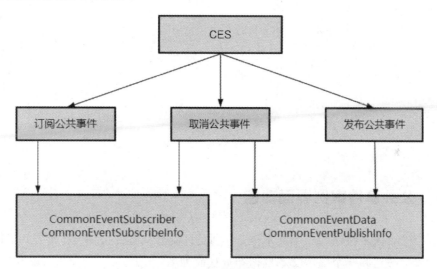

图 8-1　CES 架构图

一般来说，事件的程序开发分为三个步骤：

（1）发布公共事件。开发者可以通过 CES 发布公共事件，以便于其他应用程序可以订阅这些事件。

（2）订阅公共事件。开发者可以通过 CES 订阅公共事件，以便于其他应用程序可以订阅这些事件。订阅某个事件后，程序就会等待该事件的发生，事件一旦发生，相应的业务逻辑就会被触发。

（3）取消公共事件。当不需要订阅该事件，或者程序退出的时候，需要取消公共事件，从而释放事件所占用的资源，因为事件本身是非常占用资源的。

这三个步骤涉及几个不同的类和函数，下面详细介绍一下发布—订阅事件过程中需要的类和函数。

8.2 公共事件案例

我们以一个例子来讲解事件的相关知识。该例的功能是订阅公共事件，然后发布公共事件，事件接收程序接收到相应的事件后，打印出相应的信息，如图8-2所示。相应代码可在本书代码文件的 chapter8\CommonEvent 中找到。

图 8-2　事件通知案例界面

8.2.1　公共事件案例界面功能

这个程序有三个按钮和一个文本框，分别是订阅公共事件按钮、发布公共事件按钮、取消公共事件按钮和一个提示文本框，布局代码如下：

```
<DirectionalLayout
    xmlns:ohos="http://schemas.huawei.com/res/ohos"
    ohos:height="match_parent"
    ohos:width="match_parent"
    ohos:alignment="horizontal_center"
    ohos:orientation="vertical">

    <Button
        ohos:id="$+id:subscribe_button"
        ohos:height="40vp"
        ohos:width="match_parent"
```

```
        ohos:left_margin="24vp"
        ohos:padding="10vp"
        ohos:right_margin="24vp"
        ohos:text=" 订阅公共事件 Subscribe CommonEvent"
        ohos:text_alignment="center"
        ohos:background_element="$graphic:button_background"
        ohos:text_size="16fp"
        ohos:top_margin="50vp"/>

<Button
        ohos:id="$+id:publish_button"
        ohos:height="40vp"
        ohos:width="match_parent"
        ohos:left_margin="24vp"
        ohos:padding="10vp"
        ohos:right_margin="24vp"
        ohos:text=" 发布公共事件 Publish CommonEvent"
        ohos:text_alignment="center"
        ohos:background_element="$graphic:button_background"
        ohos:text_size="16fp"
        ohos:top_margin="10vp"/>

<Button
        ohos:id="$+id:unsubscribe_button"
        ohos:height="40vp"
        ohos:width="match_parent"
        ohos:left_margin="24vp"
        ohos:padding="10vp"
        ohos:right_margin="24vp"
        ohos:text=" 取消公共事件 Unsubscribe CommonEvent"
        ohos:text_alignment="center"
        ohos:background_element="$graphic:button_background"
        ohos:text_size="16fp"
        ohos:top_margin="10vp"/>

<Text
        ohos:id="$+id:result_text"
```

```xml
            ohos:height="match_content"
            ohos:width="match_parent"
            ohos:layout_alignment="horizontal_center"
            ohos:multiple_lines="true"
            ohos:text_alignment="center"
            ohos:text_size="15fp"
            ohos:top_margin="50vp"/>

</DirectionalLayout>
```

8.2.2 为界面按钮设置监听函数

设置好布局后,我们需要对各个按钮设置监听函数,在 MainAbilitySlice 的 onStart( ) 函数中调用了一个自定义函数 initComponents( ),这个函数就是按钮的初始化函数:

```java
    private void initComponents() {
        // 订阅按钮
        Component subscribeButton = findComponentById(ResourceTable.Id_subscribe_button);
        // 发布按钮
        Component publishButton = findComponentById(ResourceTable.Id_publish_button);
        // 取消订阅按钮
        Component unsubscribeButton = findComponentById(ResourceTable.Id_unsubscribe_button);

        // 提示文本框
        resultText = (Text) findComponentById(ResourceTable.Id_result_text);

        // 为发布按钮设置单击监听事件,执行 showListPublish() 函数
        publishButton.setClickedListener(component -> showListPublish());
        // 为订阅按钮设置单击监听事件,执行 subscribeEvent() 函数
        subscribeButton.setClickedListener(component -> notificationPlugin.subscribeEvent());
        // 为取消订阅按钮设置单击监听事件,执行 unSubscribeEvent() 函数
        unsubscribeButton.setClickedListener(component -> notificationPlugin.unSubscribeEvent());
```

}

代码中 findComponentById( ) 函数用于通过 id 寻找 XML 文件中对应的组件，findComponentById( ) 函数的原型如下：

```
public  T findComponentById(int resId)
```

输入参数：

- resId：指定组件的资源 id。

返回值：

- 如果找到了 id 对应的组件，返回该组件对象；否则返回 null。

setClickedListener( ) 函数用于为指定组件注册设置单击监听事件，其原型如下：

```
public void setClickedListener(Component.ClickedListener listener)
```

输入参数：

- listener：单击事件的监听器。

发布公共事件按钮会显示一个列表对话框，供用户选择，用户可以从中选择不同的事件发布，如图 8-3 所示。

图 8-3　列表对话框界面图

这个弹出对话框的代码如下：

```java
private void showListPublish() {
    String[] items = new String[] {
        "发布无序事件", "发布权限事件", "发布有序事件",
        "发布粘合事件"
    };
    // 新建一个列表对话框组件 ListDialog
    ListDialog listDialog = new ListDialog(this);
    // 设置对话框对齐方式为居中
    listDialog.setAlignment(TextAlignment.CENTER);
    // 设置对话框大小
    listDialog.setSize(DIALOG_BOX_WIDTH, MATCH_CONTENT);
    // 设置对话框可自动关闭
    listDialog.setAutoClosable(true);
    // 设置对话框显示内容
    listDialog.setItems(items);
    // 设置选中事件要执行的函数
    listDialog.setOnSingleSelectListener((iDialog, index) -> {
        switch (index) {
            case 0:
                // 单击第一个选项执行 publishDisorderedEvent() 函数
                notificationPlugin.publishDisorderedEvent();
                break;
            case 1:
                // 单击第二个选项执行 publishPermissionEvent() 函数
                notificationPlugin.publishPermissionEvent();
                break;
            case 2:
                // 单击第三个选项执行 publishOrderlyEvent() 函数
                notificationPlugin.publishOrderlyEvent();
                break;
            case 3:
                // 单击第四个选项执行 publishStickyEvent() 函数
                notificationPlugin.publishStickyEvent();
                break;
            default:
```

```
            break;
        }
        resultText.setText("");
        // 关闭窗口
        iDialog.destroy();
    });
    // 显示窗口
    listDialog.show();
}
```

这段代码的主要含义如下:
- 首先创建一个列表对话框组件,有四个选项:"发布无序事件""发布权限事件""发布有序事件""发布粘合事件",还为之设置了一些布局样式。
- 接着为这四个选项设置了单击的监听事件,分别为执行 publishDisorderedEvent( ) 函数、执行 publishPermissionEvent( ) 函数、执行 publishOrderlyEvent( ) 函数、执行 publishStickyEvent( ) 函数。

8.2.3 自定义事件类

为了让代码条理结构更清晰,我们将关于事件订阅、发送的代码单独写入公共事件插件类(CommonEventPlugin)中,这个类定义了一些成员变量,用于从其他类获取数据或引用,主要的几个成员变量及其解释如下:

```
// 判断是否订阅了事件消息
private boolean unSubscribe = true;

// 公共事件接收器函数
private TestCommonEventSubscriber subscriber;

// 通知事件监听器
private NotificationEventListener eventListener;

// 窗口上下文
private Context context;
```

context 是窗口上下文,这个成员变量由 CommonEventPlugin( ) 构造函数初始化,构造函数为:

```
public CommonEventPlugin(Context context) {
```

```
        this.context = context;
    }
```

参数 context 就是 MainAbilitySlice 这个对象，这样在 CommonEventPlugin 内部就可以引用 MainAbilitySlice 这个对象了。

8.2.4 发布无序事件

在前文中弹出的列表对话框中，选择第一个选项，将发布无序事件。publishDisorderedEvent( ) 函数是发布无序事件的函数，它的代码如下：

```
public void publishDisorderedEvent() {
    Intent intent = new Intent();
     Operation operation = new Intent.OperationBuilder().withAction
(event).build();
    intent.setOperation(operation);
    // 定义事件数据
    CommonEventData eventData = new CommonEventData(intent);
    try {
        // 发布事件
        CommonEventManager.publishCommonEvent(eventData);
        // 显示发布成功提示
        showTips(context, "发布成功");
    } catch (RemoteException e) {
        HiLog.error(LABEL_LOG, "%{public}s", "publishDisorderedEvent
remoteException.");
    }
}
```

这个函数的主要含义如下：
- 首先构造一个意图对象 Intent，用于存放事件需要发送的数据。
- Intent.OperationBuilder( ) 是一个静态类，是创建 Intent 的快捷方法。这里直接调用了其 withAction( ) 方法，表示快速设置 Intent 的 Action 动作意图。这里设置为 event，event 的值是"com.utils.test"。最后调用 build( ) 函数通过前面的参数构造了 operation 这个对象。将 operation 这个对象传入 Intent 中就可以了，这样 Intent 对象就构造成功了。其实两句代码等价于 Intent intent = new Intent( )；intent.setAction(event)。不过新 API 中不推荐使用 setAction( ) 方法了，所以还是用 Intent.OperationBuilder 意图构造器来构造意图更靠谱。

- CommonEventData 是公共事件类，参数接收一个意图。CommonEventData 中包含了一些公共事件必需的数据，大部分数据都存在在 Intent 中，所以才使用 Intent 作为其参数。
- CommonEventManager 是事件管理器，用于事件的发布。CommonEventManager 有一个 publishCommonEvent( ) 函数，用户发布公共事件，所以其参数为 eventData。这个函数可能抛出 RemoteException 异常，表示发布事件失败。
- 最后的 showTips 在界面中展示一个发布成功的提示。

8.2.5 发布权限事件

在前文中弹出的列表对话框中，选择"发布权限事件"选项，将调用 publishPermissionEvent( ) 函数，该函数用来发布带权限的事件，它的代码如下：

```
public void publishPermissionEvent() {
    Intent intent = new Intent();
    Operation operation = new Intent.OperationBuilder().withAction(event).build();
    intent.setOperation(operation);
    CommonEventData eventData = new CommonEventData(intent);

    CommonEventPublishInfo publishInfo = new CommonEventPublishInfo();
    String[] permissions = {"ohos.sample.permission"};
    publishInfo.setSubscriberPermissions(permissions);
    try {
        CommonEventManager.publishCommonEvent(eventData, publishInfo);
        showTips(context, "Publish succeeded");
    } catch (RemoteException e) {
        HiLog.error(LABEL_LOG, "%{public}s", "publishPermissionEvent remoteException.");
    }
}
```

这个函数的主要含义如下：
- 前几行与上述"发布无序事件"一样，主要是构建意图对象 Intent 和定义事件数据 CommonEventData。
- CommonEventPublishInfo 类主要用于封装公共事件发布相关属性、限制等信息，包括公共事件类型（有序或粘合）、接收者权限等。
- 调用 CommonEventPublishInfo 的 setSubscriberPermissions(String[ ]) 函数来设置订阅者的权限。
- CommonEventManager 是事件管理器，用于事件的发布。CommonEventManager 有一个 publishCommonEvent( ) 函数，用户发布带权限的事件，所以其参数有 2 个：eventData 和 publishInfo。这个函数可能抛出 RemoteException 异常，表示发布事件失败。
- 最后的 showTips 在界面中展示一个发布成功的提示。

8.2.6　发布有序事件

在前文中弹出的列表对话框中，选择"发布有序事件"选项，将调用 publishOrderlyEvent( ) 函数。该函数用来发布有序事件，它的代码如下：

```
public void publishOrderlyEvent() {
    Intent intent = new Intent();
     Operation operation = new Intent.OperationBuilder().withAction(event).build();
    intent.setOperation(operation);
CommonEventData eventData = new CommonEventData(intent);

    MatchingSkills skills = new MatchingSkills();
    skills.addEvent(event);
     CommonEventPublishInfo publishInfo = new CommonEventPublishInfo();
    publishInfo.setOrdered(true);
    try {
        CommonEventManager.publishCommonEvent(eventData, publishInfo);
        showTips(context, "Publish succeeded");
    } catch (RemoteException e) {
        HiLog.error(LABEL_LOG, "%{public}s", "publishOrderlyEvent remoteException.");
    }
}
```

这个函数的主要含义如下：
- 前几行与上述"发布无序事件"一样，主要是构建意图对象 Intent 和定义事件数

CommonEventData。
- MatchingSkills 类主要用来过滤和匹配特定的事件。
- CommonEventPublishInfo 类主要用于封装公共事件发布相关属性、限制等信息，包括公共事件类型（有序或粘合）、接收者权限等。
- 调用 CommonEventPublishInfo 的 setOrdered(boolean) 函数来设置事件是否有序，这里设置为有序，默认为无序。
- CommonEventManager 是事件管理器，用于事件的发布。CommonEventManager 有一个 publishCommonEvent( ) 函数，用户发布有序的事件，所以其参数有 2 个：eventData 和 publishInfo。这个函数可能抛出 RemoteException 异常，表示发布事件失败。
- 最后的 showTips 在界面中展示一个发布成功的提示。

8.2.7 发布粘合事件

在前文中弹出的列表对话框中，选择"发布粘合事件"选项，将调用 publishStickyEvent( ) 函数。该函数用来发布粘合事件，它的代码如下：

```
public void publishStickyEvent() {
    Intent intent = new Intent();
     Operation operation = new Intent.OperationBuilder().withAction(event).build();
    intent.setOperation(operation);
    CommonEventData eventData = new CommonEventData(intent);
     CommonEventPublishInfo publishInfo = new CommonEventPublishInfo();
    publishInfo.setSticky(true);
    try {
            CommonEventManager.publishCommonEvent(eventData, publishInfo);
          showTips(context, "Publish succeeded");
    } catch (RemoteException e) {
        HiLog.error(LABEL_LOG, "%{public}s", "publishStickyEvent remoteException.");
    }
}
```

这个函数的主要含义如下：
- 前几行与上述"发布有序事件"一样，主要是构建意图对象 Intent 和定义事件数据 CommonEventData。
- 调用 CommonEventPublishInfo 的 setSticky(boolean) 函数来设置是否发布粘合事件，这里设置为发布粘合事件。
- CommonEventManager 是事件管理器，用于事件的发送。CommonEventManager 有一个 publishCommonEvent( ) 函数，用户发布粘合事件，所以其参数有 2 个：eventData 和 publishInfo。这个函数可能抛出 RemoteException 异常，表示发送事件失败。
- 最后的 showTips 在界面中展示一个发布成功的提示。

8.2.8 订阅事件

对于前面发布的四种事件，为了让程序感知到事件，首先要订阅事件，这样当事件产生的时候，才会被捕获，从而处理这个事件。

```
public void subscribeEvent() {
    if (unSubscribe) {
        MatchingSkills matchingSkills = new MatchingSkills();
        matchingSkills.addEvent(event);
        CommonEventSubscribeInfo subscribeInfo = new CommonEventSubscribeInfo(matchingSkills);
        subscribeInfo.setPriority(100);
        subscriber = new TestCommonEventSubscriber(subscribeInfo);
        try {
            CommonEventManager.subscribeCommonEvent(subscriber);
            showTips(context, "Subscribe succeeded");
            unSubscribe = false;
        } catch (RemoteException e) {
            HiLog.error(LABEL_LOG, "%{public}s", "subscribeEvent remoteException.");
        }
    }
}
```

这个函数的主要含义如下：
- 首先判断是否订阅事件，如果没订阅才执行下面的代码。
- MatchingSkills 类主要是用来过滤的，匹配特定的事件。matchingSkills 的

addEvent( ) 函数用来设置自定义的事件，这里设置为 event。
- CommonEventSubscribeInfo 用来封装公共事件订阅相关信息，比如优先级、线程模式、事件范围等。这里将 matchingSkills 传入构造函数，指定了订阅的事件范围。setPriority( ) 函数用来设置订阅的优先级。
- CommonEventSubscriber( ) 用来封装公共事件订阅者及相关参数，这里将 subscribeInfo 传入构造函数，指定了上面设置的一些参数。
- CommonEventManager 是事件管理器。CommonEventManager 有一个 subscribeCommonEvent( ) 函数，用来订阅事件，将上述构造好的 subscriber 作为参数传入。这个函数可能抛出 RemoteException 异常，表示订阅事件失败。
- 最后的 showTips 在界面中展示一个发布成功的提示。

8.2.9 事件接收器类

创建 CommonEventSubscriber 的子类，在 onReceiveEvent( ) 回调函数中处理公共事件。

```java
class TestCommonEventSubscriber extends CommonEventSubscriber {
    TestCommonEventSubscriber(CommonEventSubscribeInfo info) {
        super(info);
    }

    @Override
    public void onReceiveEvent(CommonEventData commonEventData) {
        if (commonEventData == null || commonEventData.getIntent() == null) {
            return;
        }
        String receivedAction = commonEventData.getIntent().getAction();
        HiLog.info(LABEL_LOG, "%{public}s", "onReceiveEvent action:" + receivedAction);
        if (receivedAction.equals(event) && eventListener != null) {
            eventListener.onEventReceive("Receive commonevent succeeded, commonevent is:" + event);
        }
    }
}
```

onReceiveEvent( ) 函数的主要含义如下：
- 如果事件数据 commonEventData 或者意图对象 Intent 为空，则直接返回，不处理。
- 获取 Intent 的 action 动作意图，并将此打印出来。
- 如果动作意图 action 与事件 event 相同并且事件监听器 eventListener 不为空，调用 eventListener 的 onEventReceive( ) 方法（见 8.2.10 节）。

8.2.10 自定义事件器

这里自定义了一个事件接收器，但接收到事件后，会触发这个接口。NotificationEventListener 的接口定义如下：

```
public interface NotificationEventListener {
    void onEventReceive(String result);
}
```

里面有一个抽象方法 onEventReceive( ) 是需要实现类重写的。

在 MainAbilitySlice 实现了 NotificationEventListener 这个接口，其功能很简单，就是在主界面中打印出接收到的数据。

```
@Override
public void onEventReceive(String result) {
    // 接收到的事件
    resultText.setText(result);
}
```

8.2.11 取消事件订阅

当不再需要订阅事件后，可以取消事件的订阅，这样后续即使产生事件，也不会触发事件响应函数的执行了。

```
public void unSubscribeEvent() {
    if (subscriber == null) {
        HiLog.info(LABEL_LOG, "%{public}s", "CommonEvent onUnsubscribe commonEventSubscriber is null");
        return;
    }
    try {
        CommonEventManager.unsubscribeCommonEvent(subscriber);
```

```
            showTips(context, "UnSubscribe succeeded");
        } catch (RemoteException e) {
            HiLog.error(LABEL_LOG, "%{public}s", "unsubscribeEvent remoteException.");
        }
        destroy();
    }

    private void destroy() {
        subscriber = null;
        eventListener = null;
        unSubscribe = true;
    }
```

这个函数的主要含义如下：
- 首先判断是否订阅事件，如果没有，打印提示一下，然后直接返回。
- 调用 CommonEventManager 事件管理器的 unsubscribeCommonEvent( ) 函数取消订阅，将订阅对象 subscriber 作为参数传入。这个函数可能抛出 RemoteException 异常，表示取消订阅失败。
- 调用 destroy( ) 方法，将订阅对象 subscriber 和事件监听器 eventListener 设置为空，unSubscribe 属性设置为 true，表示未订阅。

8.3 通知的类型

目前鸿蒙系统通知支持 6 种类型，分别是普通文本、长文本、多行文本、图片、社交和媒体样式通知，本节详细介绍一下这些通知具体的含义及表现形式。

普通文本通知：最为基础的形式，仅显示简单的文本信息。

长文本通知：当需要推送一些字数较多的信息（例如新闻、邮件等）时，需要用到长文本通知。

多行文本通知：可以推送多段的文本信息，与长文本通知的区别是长文本只有一段。

图片通知：可以在推送的通知中添加图片。

社交通知：可以自定义一些通知的布局，图片、文本可以混杂，其位置和格式也可以设置。

媒体样式通知：可以包含音频和视频内容，例如我们生活中常见的音乐类 App 的通知中包含歌名、进度条、暂停 / 开始按钮等。

8.3.1 通知实例

下面我们开发一个通知的实例，通过实例的编写，大家能清晰地了解通知产生、消亡的过程。这个实例的界面如图 8-4 所示。相应代码可在本书代码文件的 chapter8\Notification 中找到。

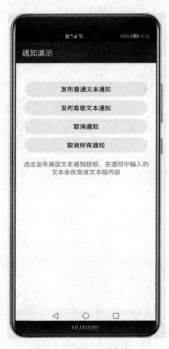

图 8-4 通知实例布局图

这个程序有四个功能，分别是发布普通文本通知、发布高级文本通知、取消通知和取消所有通知。程序的布局设置代码如下所示：

```xml
<?xml version="1.0" encoding="utf-8"?>
<DirectionalLayout
    xmlns:ohos="http://schemas.huawei.com/res/ohos"
    ohos:height="match_parent"
    ohos:width="match_parent"
    ohos:orientation="vertical">

    <Button
        ohos:id="$+id:publish_button"
        ohos:height="40vp"
        ohos:width="match_parent"
        ohos:left_margin="24vp"
        ohos:padding="10vp"
```

```xml
        ohos:right_margin="24vp"
        ohos:text=" 发布普通文本通知 "
        ohos:text_alignment="center"
        ohos:background_element="$graphic:button_background"
        ohos:text_size="16fp"
        ohos:top_margin="50vp"/>

    <Button
        ohos:id="$+id:publish_text_button"
        ohos:height="40vp"
        ohos:width="match_parent"
        ohos:left_margin="24vp"
        ohos:padding="10vp"
        ohos:right_margin="24vp"
        ohos:text=" 发布高级文本通知 "
        ohos:text_alignment="center"
        ohos:background_element="$graphic:button_background"
        ohos:text_size="16fp"
        ohos:top_margin="10vp"/>

    <Button
        ohos:id="$+id:cancel_button"
        ohos:height="40vp"
        ohos:width="match_parent"
        ohos:left_margin="24vp"
        ohos:padding="10vp"
        ohos:right_margin="24vp"
        ohos:text=" 取消通知 "
        ohos:text_alignment="center"
        ohos:background_element="$graphic:button_background"
        ohos:text_size="16fp"
        ohos:top_margin="10vp"/>

    <Button
        ohos:id="$+id:cancel_all_button"
        ohos:height="40vp"
        ohos:width="match_parent"
```

```xml
            ohos:left_margin="24vp"
            ohos:padding="10vp"
            ohos:right_margin="24vp"
            ohos:text=" 取消所有通知 "
            ohos:text_alignment="center"
            ohos:background_element="$graphic:button_background"
            ohos:text_size="16fp"
            ohos:top_margin="10vp"/>

    <Text
            ohos:id="$+id:notify2_reply"
            ohos:width="match_parent"
            ohos:height="match_content"
            ohos:margin="20vp"
            ohos:text=" 单击发布高级文本通知按钮，在通知中输入的文本会改变该文本框内容 "
            ohos:text_size="16fp"
            ohos:text_color="#ff888888"
            ohos:text_alignment="center"
            ohos:multiple_lines="true"
            ohos:top_margin="40vp"/>

</DirectionalLayout>
```

这个布局文件定义了四个按钮（分别为发布普通文本通知按钮、发布高级文本通知按钮、取消通知按钮、取消所有通知按钮）和一个文本提示框。

8.3.2 定义通知槽

通知槽 NotificationSlot 可以对提示音、振动、重要级别等进行设置。一个应用程序可以创建一个或多个通知槽，在发布通知时，通过绑定不同通知槽，可以实现不同用途。示例代码如下：

```java
// 定义通知槽
private void defineNotificationSlot(String id, String name, int importance) {
    // 创建一个通知槽对象
    NotificationSlot notificationSlot = new NotificationSlot(id, name, importance);
```

```
        // 设置有通知的时候振动
        notificationSlot.setEnableVibration(true);
        // 设置锁屏时通知内容完全可见
        notificationSlot.setLockscreenVisibleness(NotificationRequest.VISIBLENESS_TYPE_PUBLIC);
        // 设置有通知的时候,发出提示音
        Uri uri = Uri.parse(Const.SOUND_URI);
        notificationSlot.setSound(uri);
        try {
            // 将通知槽注册到NotificationHelper通知辅助函数中
            NotificationHelper.addNotificationSlot(notificationSlot);
        } catch (RemoteException ex) {
            HiLog.error(LABEL_LOG, "%{public}s",
"defineNotificationSlot remoteException.");
        }
    }
```

三个参数的含义如下:
- id: 通知槽 id, 后续可通过 NotificationRequest 的 setSlotId(String) 方法与通知槽绑定, 使该通知在发布后都具备该通知槽的特征。
- name: 通知槽名字。
- importance: 通知槽重要级别。

代码的主要含义如下:
- 首先创建一个通知槽对象 notificationSlot, 将函数的 3 个参数传递给构造器。
- 然后通过调用 setEnableVibration( )、setLockscreenVisibleness( )、setSound( ) 函数设置了通知时振动、锁屏时通知内容完全可见、通知时发出提示音。
- 最后通过调用 NotificationHelper 的 addNotificationSlot( ) 函数发布 NotificationSlot 对象。这个函数可能抛出 RemoteException 异常, 表示发布通知槽失败。

8.3.3 设置文本通知

单击"发布普通文本通知"按钮后, 系统发来一条普通文本通知, 下滑屏幕可见其具体内容, 如图 8-5 所示。

图 8-5　文本通知效果图

"发布普通文本通知"按钮的单击事件函数如下：

```
private void publishNotification(String title, String text) {
    // 通知 id
    notificationId = 0x1000001;
    // 新建一个 NotificationRequest 通知请求对象，并通过 setSlotId() 函数与通知槽绑定，最后设置通知在用户单击时自动取消
    NotificationRequest request = new NotificationRequest(notificationId).setSlotId(Const.SLOT_ID)
            .setTapDismissed(true);
    // 为通知设置内容
    request.setContent(createNotificationContent(title, text));
    // 创建一个 intentAgent 意图代理对象
    IntentAgent intentAgent = createIntentAgent(MainAbility.class.getName(),
            IntentAgentConstant.OperationType.START_ABILITY);
    // 为通知设置 intentAgent
```

```
        request.setIntentAgent(intentAgent);
        try {
            // 发布通知
            NotificationHelper.publishNotification(request);
        } catch (RemoteException ex) {
            HiLog.error(LABEL_LOG, "%{public}s", "publishNotification remoteException.");
        }
    }
```

两个参数含义如下：
- title：通知的标题。
- text：通知的内容。

这段代码的主要含义如下：
- 首先新建一个 NotificationRequest 通知请求对象，并通过 setSlotId( ) 函数与通知槽绑定，通过 setTapDismissed( ) 函数设置通知在用户单击时自动取消。
- 接着通过 setContent( ) 函数为通知设置具体内容，createNotificationContent( ) 函数的具体内容见下文。
- 然后为通知设置 intentAgent 意图代理对象。
- 最后通过 NotificationHelper 的 publishNotification( ) 函数发送通知，该通知将请求对象作为参数传入。这个函数可能抛出 RemoteException 异常，表示发布通知失败。

createNotificationContent( ) 函数的具体内容如下：

```
private NotificationRequest.NotificationContent createNotification
Content(String title, String text) {
        NotificationRequest.NotificationNormalContent content
            = new NotificationRequest.NotificationNormalContent().
setTitle(title).setText(text);
        return new NotificationRequest.NotificationContent(content);
    }
```

这段代码创建了 NotificationRequest.NotificationNormalContent 通知内容对象，并调用了 setTitle( ) 和 setText( ) 函数来设置通知的标题和内容，最后返回了此对象。

8.3.4 发送高级文本通知

单击"发送高级文本通知"按钮后，系统发来一条可回复的文本通知，如图 8-6 所示。

图 8-6 高级文本通知效果图

在回复框中输入"hello",单击右侧的发送按钮,然后返回演示应用界面,可看到文本框的内容已经变为"hello",如图 8-7 所示。

图 8-7 发布高级文本通知界面

"发布高级文本通知"按钮的单击事件函数如下:

```java
    private void publishNotificationWithAction(String title, String
text) {
        notificationId = 0x1000002;
        NotificationRequest request = new NotificationRequest(notifica
tionId).setSlotId(Const.SLOT_ID)
            .setTapDismissed(true);
        request.setContent(createNotificationContent(title, text));
         IntentAgent intentAgent = createIntentAgent(MainAbility.
class.getName(),
              IntentAgentConstant.OperationType.SEND_COMMON_EVENT);
        request.setIntentAgent(intentAgent);
        // 创建通知的用户输入对象
        NotificationUserInput input = new NotificationUserInput.
Builder(Const.NOTIFICATION_INPUT_KEY).setTag(
              Const.NOTIFICATION_OPER_TITLE).build();
        // 创建通知的操作按钮对象
         NotificationActionButton actionButton = new
NotificationActionButton.Builder(null,
              Const.NOTIFICATION_OPER_TITLE, intentAgent).
addNotificationUserInput(input)
              .setSemanticActionButton(NotificationConstant.
SemanticActionButton.ARCHIVE_ACTION_BUTTON)
              .setAutoCreatedReplies(false)
              .build();
        // 为通知添加操作按钮
        request.addActionButton(actionButton);
        try {
            // 发布通知
            NotificationHelper.publishNotification(request);
        } catch (RemoteException ex) {
                HiLog.error(LABEL_LOG, "%{public}s",
"publishNotificationWithAction remoteException.");
        }
    }
```

这段代码的主要含义如下:
- 前几行与上述"发布普通文本通知"函数几乎一样,主要是新建一个通知请求对象，并设置其内容和意图代理。
- NotificationUserInput 用来定义用户输入，可通过其静态内部类 NotificationUserInput.Builder 来创建其实例，可通过 setTag( ) 函数来定义用户输入框的提示内容。
- NotificationActionButton 用来封装要在通知中显示的操作按钮。可通过其静态内部类 NotificationActionButton.Builder 来创建其实例，NotificationActionButton 对象必须包括一个图标、一个标题和一个关联的 IntentAgent，用于定义单击操作按钮时要触发的操作。
- 接着通过通知请求对象的 addActionButton( ) 函数将该操作按钮添加到通知中。
- 最后通过 NotificationHelper 的 publishNotification( ) 函数发布通知，该通知将请求对象作为参数传入。这个函数可能抛出 RemoteException 异常，表示发布通知失败。

8.4　取消单个通知

"取消通知"按钮的单击事件函数如下：

```
private void cancel() {
    try {
        //取消单个通知
        NotificationHelper.cancelNotification(notificationId);
    } catch (RemoteException ex) {
            HiLog.error(LABEL_LOG, "%{public}s", "cancel remoteException.");
    }
}
```

通过 NotificationHelper 的 cancelNotification( ) 函数来取消单个通知，参数传入通知的 id。这个函数可能抛出 RemoteException 异常，表示取消通知失败。

8.5　取消所有通知

"取消所有通知"按钮的单击事件函数如下：

```
private void cancelAll() {
    try {
```

```
        NotificationHelper.cancelAllNotifications();
    } catch (RemoteException ex) {
        HiLog.error(LABEL_LOG, "%{public}s", "cancelAll remoteException.");
    }
}
```

通过 NotificationHelper 的 cancelAllNotifications( ) 函数来取消所有通知。这个函数可能抛出 RemoteException 异常，表示取消通知失败。

8.6 小结

本章介绍了鸿蒙系统的事件与通知，主要介绍了公共事件的概念、类型，并通过案例介绍了如何进行事件的开发（包括有序、无序、带权限、粘合事件的发布以及事件的订阅、取消），接着介绍了通知的概念、类型，并通过案例介绍了如何进行普通文本通知和高级文本通知的开发。通过本章学习，我们了解了公共事件是分布式系统的关键，通过它来进行不同应用之间的消息传递，可以将应用程序解耦。通知对操作系统也非常重要，丰富的、操作友好的通知可以大大提升用户的使用体验。

第 9 章
权限与安全

智能手机基本都会有权限这个概念。我们安装了某个应用程序,第一次打开时一般都会提示各种权限风险,要求大家同意或禁止某个权限。一般来说,都需要同意后,才能正常使用应用程序的相应功能。

9.1 权限概述

9.1.1 鸿蒙系统为什么需要权限

鸿蒙系统为什么需要权限呢？权限的设置是为了保护鸿蒙用户的隐私。应用程序一般会获取手机上的某些数据，或者使用某些应用功能，所以让用户明确地知道某个应用程序使用了什么功能，非常重要。例如，某个恶意应用程序，如果没有经过用户同意，就有收发短信的权限，那么这个应用程序很容易拦截你的登录验证码或者是银行转账密码，获取这些信息后，再通过网络将这些信息传给不法分子，这是相当危险的。

鸿蒙系统安全设计方面最重要的就是权限。系统如果需要某个权限，会提示用户批准这个权限的使用。在默认情况下，应用程序的权限等级是非常低的，不能访问其他应用程序的数据，不能访问摄像头，不能访问麦克风，这些数据或设置的访问，都需要用户同意之后才能使用。通过类似申请—审批制度，保证了权限对用户来说是透明的，是可以观察、管理的。

9.1.2 权限的沙盒原理

沙盒（sandbox，又译为"沙箱"）的概念在 iOS、Android、鸿蒙系统的设计中都经常出现。沙盒是一种安全机制，可以将一个应用程序放在沙盒这个环境中运行，这个应用程序能力再大，也只能在这个沙盒定义的世界中发挥作用。无论是创建数据、删除数据、访问网络还是访问硬件，都需要这个沙盒的保护，一旦超过这个沙盒的权限，例如修改系统文件，这样的操作就是非法的，不被允许的。我们经常看到鸿蒙系统运行在一个沙盒中，就是指应用程序只能访问其被允许访问的数据，不能超过沙盒的边界。

我们通常认为 iOS 比 Android 系统安全，或者我们经常会说"苹果系统装什么杀毒软件，Windows 系统才需要装，苹果系统中就没有病毒。"其实是因为苹果系统使用了更严格的沙盒机制，每个应用程序只能访问自己的沙盒中的资源。例如，苹果的应用程序只能访问自己的内存，如果某个应用程序内存消耗过高，收到内存警告后没有即时处理，就会被系统杀掉，而 Windows 系统在这方面有更大的灵活性，一个应用程序可能内存泄漏，将整个系统弄崩溃。

9.2 权限的分类

从不同的维度，权限可以有不同的分类。鸿蒙系统权限分类如图 9-1 所示。

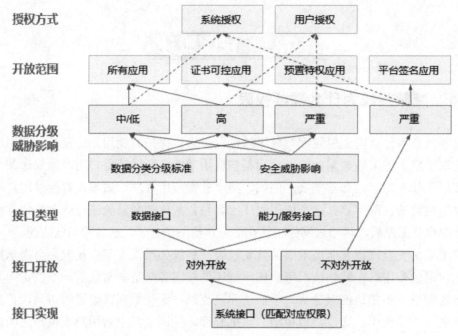

图 9-1　鸿蒙系统权限分类图

鸿蒙系统的主要权限分类解释如下：

授权方式：按照权限的授权方式分为两种授权：一种是系统授权，一种是用户授权。所谓系统授权，是指某些属性，只要在应用程序中被声明，那么系统就可以自动判断这个权限是否需要自动授权，不需要用户干预。所谓用户授权，是指某些权限，需要用户干预，用户可以选择是否授权，将权限的授予决策交给用户，例如一些关键的涉及安全的权限，如相机、麦克风、通讯录。很多病毒软件，就是非法获取了这些权限来实现非法目的的。再如，病毒软件可以获取用户的通讯录，特别是一些高利贷软件，获取用户的通讯录后，通过各种方式骚扰用户的家人、领导和朋友。

开放范围：即该接口对哪些种类的应用而言可开放使用。大致分为所有应用范围、证书可控应用范围、预置特权应用范围和平台签名应用范围。所有应用即设备上的所有应用。证书可控应用意思是数字证书可以由自己控制的应用，而不是使用国外证书，如果没有属于自己的可控数字证书，那么"恶意"吊销证书、伪造证书等导致网络瘫痪或信息泄露的事会时有发生，非常不安全。介绍预置特权应用前先介绍一下什么是权限泄露，权限泄露是指具有某一种权限的应用没有对该权限的接口进行保护，是的，没有该权限的应用也可以使用该接口功能。预置特权应用即有特殊权限的应用，这些权限都是一些高敏感的权限，如后台安装，因此需要对这些接口进行保护。平台签名应用即由某个签名平台签了名的应用，只有在证书上签名应用才有某些权限，如你需要更新应用，就必须使用同一证书进行签名，系统才会允许安装升级应用。

数据分级威胁影响：根据接口所涉数据的敏感程度或所涉能力的安全威胁影响，对所有的开放接口进行分级（包括中 / 低、高、严重）。不对外开放的接口均为严重级别。根据不同的分级，可确定权限的开放范围和授权方式。

接口类型：根据接口能力的不同将接口划分为不同类型，即数据接口和能力/服务接口。数据接口实现对数据的读取存储；能力/服务接口实现一些特定的功能，如相机、麦克风、通讯录功能等。

接口开放：按照接口的开发程序，分为对外开放接口和不对外开放接口。对外开放接口是指对第三方开发的应用进行权限开放，如微信、抖音就是第三方开发的应用程序。不对外开放的接口主要是指鸿蒙系统内置的一些超级应用，这些应用能够获取非常底层的权限，有了这些权限，系统程序可以实现更为强悍的功能。它就像被 root 后的系统一样，这些被 root 后的权限，能够提供给那些平台签名的应用。

9.2.1 敏感与非敏感权限

从不同的维度上，权限可以有不同的分类。根据用户数据、设备安全的敏感程度，鸿蒙系统的权限可分为敏感和非敏感权限。这里的敏感与非敏感权限，和前文的分类的区别是，分类的标准不一样。这就像可以给一个物品贴上不同的标签一样，例如汽车可以按照大小分为 A0 级、A1 级、中型等汽车，也可以按照品牌分为大众、宝马、奔驰等，这仅仅是分类的标准不一样。

敏感权限涉及个人敏感数据和系统敏感操作。个人敏感数据包括照片、通讯录、日历、电话号码、短信等，系统敏感操作如打开相机、打开麦克风、拨打电话、发送短信等。这些很好理解，想一想，如果某个程序没有经过你的同意就打开麦克风偷偷录音，是不是很可怕？类似这样对个人信息、程序安全有重大影响的权限，就是敏感权限。

非敏感权限不涉及用户的敏感数据或对敏感硬件的调用。非敏感权限仅需在 config.json 文件中声明，应用安装后，当应用运行时，系统会自动判断是否对这些权限进行授权，例如对于有证书签名的应用（如华为商店下载的应用），系统发现其需要的权限都是非敏感权限，那么就会自动地给这个应用进行授权。非敏感权限包括运行应用获取数据网络信息、允许获取 WLAN 信息、允许查看蓝牙配置信息等，这些权限大多都是获取系统信息的权限，并不涉及更改系统信息，所以相对来说，这些权限都是不会影响系统安全的通用权限。

9.2.2 鸿蒙系统提供的敏感权限

鸿蒙系统提供了 8 种敏感权限，应用程序或者后台服务需要使用这些权限的时候，需要明确提示用户是否同意这些权限的使用，用户有权利拒绝这些权限。例如，一个 Word 文本处理应用程序如果请求获取麦克风的权限，那我们就应该小心，Word 文本处理程序需要麦克风权限做什么呢？会不会是滥用了权限申请？

鸿蒙提供的 8 种权限如下：

- 位置权限：允许应用在前台或后台运行时，获取设备当时所处的位置信息。如疫情期间的行程码、打车时定位和导航。

- 相机权限：允许应用使用相机拍摄照片和录制视频，一般用于视频通话和扫码功能。
- 麦克风权限：允许应用使用麦克风进行录音。如备忘录录音、语音聊天或语音通话。
- 日历权限：允许应用读取设备日历信息，添加或修改日历活动，一般用于备忘录提醒功能。
- 健康运动权限：允许应用读取用户当前的运动状态，一般用于运动健康等功能。
- 健康权限：允许应用读取用户的健康数据，一般用于计步、测试心率等功能。
- 账号权限：允许应用访问系统账号的分布式信息权限，一般用于账号登录等功能。
- 媒体权限：允许应用访问、读写用户的图片、视频等媒体文件信息，如从媒体相册中获取图片或视频来更换头像、上传视频等。

这几种权限分别对应如表9-1所示的常量，这些常量会在后面的程序代码中使用。

表 9-1 敏感权限

权限名	权限常量	说明
位置权限	ohos.permission.LOCATION	允许应用在前台运行时获取位置信息。如果应用在后台运行时也要获取位置信息，则需要同时申请 ohos.permission.LOCATIONINBACKGROUND 权限
	ohos.permission.LOCATIONINBACKGROUND	允许应用在后台运行时获取位置信息，需要同时申请 ohos.permission.LOCATION 权限
相机权限	ohos.permission.CAMERA	允许应用使用相机拍摄照片和录制视频
麦克风权限	ohos.permission.MICROPHONE	允许应用使用麦克风进行录音
日历权限	ohos.permission.READ_CALENDAR	允许应用读取日历信息
	ohos.permission.WRITE_CALENDAR	允许应用在设备上添加、移除或修改日历活动
健康运动权限	ohos.permission.ACTIVITY_MOTION	允许应用读取用户当前的运动状态
健康权限	ohos.permission.READHEALTHDATA	允许应用读取用户的健康数据
账号权限	ohos.permission.DISTRIBUTED_DATASYNC	允许不同设备间的数据交换
	ohos.permission.DISTRIBUTED_DATA	允许应用使用分布式数据的能力
媒体权限	ohos.permission.MEDIA_LOCATION	允许应用访问用户媒体文件中的地理位置信息
	ohos.permission.READ_MEDIA	允许应用读取用户外部存储中的媒体文件信息
	ohos.permission.WRITE_MEDIA	允许应用读写用户外部存储中的媒体文件信息

9.2.3 鸿蒙系统提供的非敏感权限

鸿蒙目前提供了 32 种非敏感权限，后续可能会更多。应用程序在安装好后就自动获得了这些权限，不需要用户授权，权限的授权与否，都是系统自动决定的。例如，允许应用获取数据网络信息。某些应用程序要提供服务就需要联网，如果获取不到数据网络信息，应用程序就无法连接到服务器，提供不了服务，所以非敏感权限也是一些必要权限。

非敏感权限如表 9-2 所示。

表 9-2 非敏感权限

权限常量	说明
ohos.permission.GETNETWORKINFO	允许应用获取数据网络信息
ohos.permission.GETWIFIINFO	允许获取 WLAN 信息
ohos.permission.USE_BLUETOOTH	允许应用查看蓝牙的配置
ohos.permission.DISCOVER_BLUETOOTH	允许应用配置本地蓝牙，并允许其查找远端设备且与之配对连接
ohos.permission.SETNETWORKINFO	允许应用控制数据网络
ohos.permission.SETWIFIINFO	允许配置 WLAN 设备
ohos.permission.SPREADSTATUSBAR	允许应用以缩略图方式呈现在状态栏
ohos.permission.INTERNET	允许使用网络 socket
ohos.permission.MODIFYAUDIOSETTINGS	允许应用程序修改音频设置
ohos.permission.RECEIVERSTARTUPCOMPLETED	允许应用接收设备启动完成广播
ohos.permission.RUNNING_LOCK	允许申请休眠运行锁，并执行相关操作
ohos.permission.ACCESS_BIOMETRIC	允许应用使用生物识别能力进行身份认证
ohos.permission.RCVNFCTRANSACTION_EVENT	允许应用接收卡模拟交易事件
ohos.permission.COMMONEVENT_STICKY	允许发布粘合公共事件的权限
ohos.permission.SYSTEMFLOATWINDOW	提供显示悬浮窗的能力
ohos.permission.VIBRATE	允许应用程序使用马达
ohos.permission.USETRUSTCIRCLEMANAGER	允许调用设备间认证能力
ohos.permission.USEWHOLESCREEN	允许通知携带一个全屏 IntentAgent
ohos.permission.SET_WALLPAPER	允许设置静态壁纸
ohos.permission.SETWALLPAPERDIMENSION	允许设置壁纸尺寸
ohos.permission.REARRANGE_MISSIONS	允许调整任务栈
ohos.permission.CLEANBACKGROUNDPROCESSES	允许根据包名清理相关后台进程
ohos.permission.KEEPBACKGROUNDRUNNING	允许 Service Ability 在后台继续运行
ohos.permission.GETBUNDLEINFO	允许查询其他应用的信息
ohos.permission.ACCELEROMETER	允许应用程序读取加速度传感器的数据
ohos.permission.GYROSCOPE	允许应用程序读取陀螺仪传感器的数据
ohos.permission.MULTIMODAL_INTERACTIVE	允许应用订阅语音或手势事件
ohos.permission.radio.ACCESSFMAM	允许用户获取收音机相关服务
ohos.permission.NFC_TAG	允许应用读写 Tag 卡片
ohos.permission.NFCCARDEMULATION	允许应用实现卡模拟功能

续表

权限常量	说明
ohos.permission.DISTRIBUTEDDEVICESTATE_CHANGE	允许获取分布式组网内设备的状态变化
ohos.permission.GETDISTRIBUTEDDEVICE_INFO	允许获取分布式组网内的设备列表和设备信息

通过上面的学习，我们已经了解了很多非敏感权限。但这些权限并不需要记忆，在需要的时候，查看相应的文档，找到自己需要的权限即可。

9.3 权限的申请流程

非敏感权限的申请比较简单，只要声明要用这个权限就可以了，系统会自己对非敏感权限进行管理，不需要用户参与。具体来说，就是已在 config.json 文件中声明的非敏感权限，会在应用安装时自动授予，该类权限的授权方式为系统授权（system_grant）。

相比非敏感权限，敏感权限的申请就较为复杂了，需要用户参与其中。如图 9-2 所示的一个流程图说明了权限申请的整个过程。敏感权限需要应用动态申请，通过运行时发送弹窗的方式请求用户授权，该类权限的授权方式为用户授权（user_grant）。

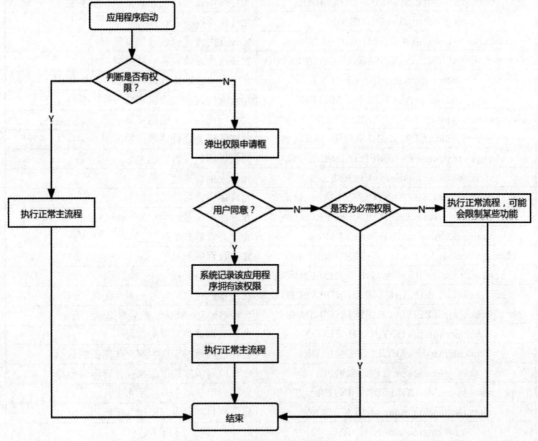

图 9-2　权限申请流程图

一般来说，应用程序每次启动都会验证自己是否拥有需要的权限，如果没有则会弹出提示框，要求用户授权这些权限。对于应用程序必需的权限，例如一个美颜相机的应用，如果每次判断自己没有相机权限（因为没有照相功能，所以其主要功能无法完成），这时候，一般会强制提示用户，如果无法申请相机权限，那么应用程序将会退出。对于一些应用程序非强制需要的权限，在不影响主体功能的情况下，程序可以继续执行。

9.4 权限的开发

对基本概念有所了解后，我们来完成一个实例。该例有一个界面，界面中有4个按钮，假设这个程序需要申请定位等权限，如果申请成功则提示用户权限申请成功，如果申请失败则提示用户申请失败。相应代码可在本书代码文件的 \chapter9\Permission 中找到。

9.4.1 权限的配置 config.json

首先需要声明一下程序需要哪些权限，需要的权限被配置在 config.json 文件中。config.json 是整个程序的配置文件，需要在 config.json 文件的 module 节中添加如下配置，表示需要申请的权限：

```
"reqPermissions": [
  {
    "name": "ohos.permission.LOCATION"
  },
  {
    "name": "ohos.permission.MICROPHONE"
  },
  {
    "name": "ohos.permission.READ_CALENDAR"
  },
  {
    "name": "ohos.permission.READ_USER_STORAGE"
  }
]
```

这里申请了定位、麦克风、日历读取、存储读取等权限，这几个权限都是敏感权限，除了在 config.json 文件中声明之外，还需要在代码中进行调用触发代码，触发权限的申请。

9.4.2 权限申请程序基本框架

本例的业务逻辑是,用户单击权限申请按钮后,弹出权限申请框,用户单击确认后,提示权限申请结果。单击拒绝后,中断权限的申请。所以,首先需要在 XML 文件中定义 4 个按钮,代码如下:

```xml
<?xml version="1.0" encoding="utf-8"?>
<DirectionalLayout
    xmlns:ohos="http://schemas.huawei.com/res/ohos"
    ohos:width="match_parent"
    ohos:height="match_parent">

    <Text
        ohos:width="match_parent"
        ohos:height="match_content"
        ohos:text=" 单击下面的按钮去获取权限 "
        ohos:top_margin="50vp"
        ohos:left_margin="10vp"
        ohos:right_margin="10vp"
        ohos:multiple_lines="true"
        ohos:text_size="18fp"
        ohos:text_color="#FF000000"
        ohos:text_alignment="horizontal_center"/>

    <Button
        ohos:id="$+id:get_location_permission"
        ohos:width="300vp"
        ohos:height="40vp"
        ohos:top_margin="40vp"
        ohos:layout_alignment="horizontal_center"
        ohos:text=" 获取 GPS 位置权限 "
        ohos:text_size="20vp"
        ohos:text_color="#ffffffff"
        ohos:background_element="$graphic:bg"/>

    <Button
        ohos:id="$+id:get_microphone_permission"
```

```xml
        ohos:width="300vp"
        ohos:height="40vp"
        ohos:top_margin="40vp"
        ohos:layout_alignment="horizontal_center"
        ohos:text=" 获取麦克风权限 "
        ohos:text_size="20vp"
        ohos:text_color="#ffffffff"
        ohos:background_element="$graphic:bg"/>

    <Button
        ohos:id="$+id:get_calendar_permission"
        ohos:width="300vp"
        ohos:height="40vp"
        ohos:top_margin="40vp"
        ohos:layout_alignment="horizontal_center"
        ohos:text=" 获取日历权限 "
        ohos:text_size="20vp"
        ohos:text_color="#ffffffff"
        ohos:background_element="$graphic:bg"/>

    <Button
        ohos:id="$+id:get_storage_permission"
        ohos:width="300vp"
        ohos:height="40vp"
        ohos:top_margin="40vp"
        ohos:layout_alignment="horizontal_center"
        ohos:text=" 获取存储权限 "
        ohos:text_size="20vp"
        ohos:text_color="#ffffffff"
        ohos:background_element="$graphic:bg"/>
</DirectionalLayout>
```

效果如图 9-3 所示。

图 9-3　XML 布局效果图

然后在子页面 MainAbilitySlice 中设置这 4 个按钮的单击事件，代码如下：

```
@Override
public void onStart(Intent intent) {
    super.onStart(intent);
    super.setUIContent(ResourceTable.Layout_main_ability_slice);
    // 设置 4 个按钮的单击监听事件
    findComponentById(ResourceTable.Id_get_location_permission).setClickedListener(this);
    findComponentById(ResourceTable.Id_get_microphone_permission).setClickedListener(this);
    findComponentById(ResourceTable.Id_get_calendar_permission).setClickedListener(this);
    findComponentById(ResourceTable.Id_get_storage_permission).setClickedListener(this);
}

@Override
public void onClick(Component component) {
    switch (component.getId()) {
        case ResourceTable.Id_get_location_permission:
```

```
                accessLocation();
                break;
            case ResourceTable.Id_get_microphone_permission:
                accessMicrophone();
                break;
            case ResourceTable.Id_get_calendar_permission:
                accessCalendar();
                break;
            case ResourceTable.Id_get_storage_permission:
                accessStorage();
                break;
            default:
                LogUtil.warn(TAG, "Ignore click for component: " + component.getId());
        }
    }
```

这里统一将4个按钮的单击函数映射到onClick( )函数，在onClick( )函数中判断是哪个按钮引发的事件，从而开始运行相应的逻辑代码。

以第一个获取定位权限为例，当用户单击按钮后，会调用访问定位函数accessLocation( )，代码如下：

```
private void accessLocation() {
    try {
        new Locator(this).getCachedLocation();
        showTips(this, "Location access succeeded.");
    } catch (SecurityException e) {
        requestPermission(SystemPermission.LOCATION, Constants.PERM_LOCATION_REQ_CODE);
    }
}
```

这段代码首先获取定位，如果不成功抛出异常。

- 通过Locator(this)获取了定位对象，然后调用getCachedLocation( )获取当前的定位，如果执行这个函数正确，表示获取定位成功，说明权限以前已经申请过，并且申请成功了。
- 如果getCachedLocation( )失败，抛出SecurityException安全异常，所以应用程序没有定位的权限，这时候会调用requestPermission( )函数，试图获取权限。

9.4.3　编写权限申请代码

requestPermission( )函数试图获取权限，提示用户现在应用程序需要某个权限，这个函数代码如下：

```java
private void requestPermission(String permission, int requestCode) {
    if (verifySelfPermission(permission) == IBundleManager.PERMISSION_GRANTED) {
        showTips(this, "Permission already obtained");
        return;
    }
    if (!canRequestPermission(permission)) {
        showTips(this, "Cannot request Permission");
        LogUtil.error(TAG, "Cannot request Permission");
        return;
    }
    requestPermissionsFromUser(new String[] {permission}, requestCode);
}
```

requestPermission( )函数有两个参数：
- permission：权限常量字符串，表示需要申请的权限。
- requestCode：权限的自定义返回码。在权限申请成功的回调函数中，会用到这个整型的自定义码。

verifySelfPermission( )函数是一个系统函数，用于校验某个权限是否被申请，参数是一个字符串的权限名，如要申请定位权限，可以使用 SystemPermission.LOCATION 常量，或者直接使用"ohos.permission.LOCATION"这个字符串。如果 verifySelfPermission( )函数校验的结果是已经授权，那么会返回 0，也可以用整型常量 PERMISSION_GRANTED 表示。

代码中，如果以前已经有权限，会提示："Permission already obtained"。如果没有权限，接着使用 canRequestPermission 试着去申请权限。canRequestPermission( )函数查询该权限是否可以申请弹框授权，因为如果用户之前勾选了禁止授权并且禁止后续再弹框提示，那么就不能再进行弹框授权了，这个函数就返回 false。这时候，就需要提醒用户权限申请弹框无法弹出，用户需要去系统设置页面，自己设置是否运行该权限。由于程序无法强制调出权限申请弹框，对于权限来说不能做任何事情了，所以程序返回。

如果可以弹出权限申请框，那么就调用 requestPermissionsFromUser( )函数。requestPermissionsFromUser( )函数接收权限列表和请求码。调用这个函数后，系统会弹出权限申请框，如图 9-4 所示，用户可以同意或拒绝该权限的申请。

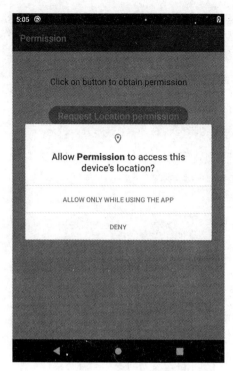

图 9-4　权限申请框

在写上面的授权申请代码时，大家可能会存在一些误区，主要有两个：
- 只用一行简单代码进行动态权限申请，而没有提前校验和回调的过程。这种情况会出现万一有一次禁止了权限，后面就不会显示相关数据并且没有任何提示，影响用户体验。
- canRequestPermission( ) 表示如果没有从系统获取到申请的权限，会返回 false，这时会通过 showTips 弹出提示框，提示用户权限获取失败，然后进入页面就不会显示相关数据并且没有任何提示，影响用户体验。因此，为了提升用户体验，请不要省略上述动态权限申请的代码编写流程。

9.4.4　权限申请处理函数

当用户同意或拒绝权限申请后，系统会产生一个回调，告诉权限申请的结果，供应用程序做其他相应的业务操作。这个回调函数是 onRequestPermissionsFromUserResult( )，意为来自用户的权限审批结果。onRequestPermissionsFromUserResult( ) 方法是 Ability 的方法，不是 AbilitySlice 的方法，所以需要在 MainAbility 中重写该方法，代码如下：

```
@Override
public void onRequestPermissionsFromUserResult(int requestCode,
java.lang.String[] permissions,
    int[] grantResults) {
```

```
        if (permissions == null || permissions.length == 0 ||
grantResults == null || grantResults.length == 0) {
            return;
        }
        LogUtil.debug(TAG,
            "requestCode: " + requestCode + ", permissions:" +
Arrays.toString(permissions) + ", grantResults: "
            + Arrays.toString(grantResults));

        if (grantResults[0] == IBundleManager.PERMISSION_GRANTED) {
            showTips(this, "Permission granted");
        } else {
            showTips(this, "Permission denied");
        }
    }
```

这个函数有三个参数,它们的含义如下:
- requestCode:权限的自定义返回码。
- permissions:需要申请的权限的集合。
- grantResults:权限集合中权限的申请结果。

代码的主要部分解释如下:
- onRequestPermissionsFromUserResult( )是一个回调函数,用来告诉系统申请权限的结果。大致过程为先判断申请的权限的集合和申请结果集合是否 null 或内容为空,如果为空直接返回,这说明没有申请权限,或者申请权限失败。
- 通过日志工具类 LogUtil.debug,打印调试日志,将请求码、申请的权限、授予的权限都打印出来。
- 如果申请成功,即 grantResults[0]==IBundleManager.PERMISSION_GRANTED,则显示权限授权成功,否则显示权限授权拒绝。

9.5　小结

本章讲了权限的分类、权限校验、权限的申请、权限的回调。通过本章的学习,我们学会了系统的权限管理,通过权限管理,使系统更安全、更可靠,从而提升用户体验。

第 10 章
数据存储管理

我们经常需要存储一些数据到磁盘中,以便下次启动程序的时候,能够读取到数据。这时候就需要用到鸿蒙系统提供的数据存储功能。数据存储就像人的长期记忆,无论是清醒状态还是熟睡状态,记忆都存储在我们的神经元突触中。这样在任何时候,大脑通过某种现今我们都不能完全理解的存取方式,读取我们的记忆。本章将从 Preferences 讲起,介绍一种轻量级的存储机制。

10.1 轻量级数据存储

应用程序有时候需要存储少量的数据,例如 App 配置信息,这时候可以将这些数据存储在文本文件中,程序启动的时候,将数据全量加载到内存中的,从而加快读取速度。如数据改变,需要持久化,数据将最终落盘到文本文件中进行保存。

轻量级数据存储主要用于保存一些常用的配置数据,使用键值对的形式来存储数据。轻量级数据存储可以存储整型、长整型、浮点型、布尔型、字符串型、字符串型 Set 集合等数据类型。数据存储在本地文件中,同时也加载在内存中,不适合需要存储大量数据和频繁改变数据的场景,轻量级存储建议存储的数据不超过一万条。其存储机制如图 10-1 所示。

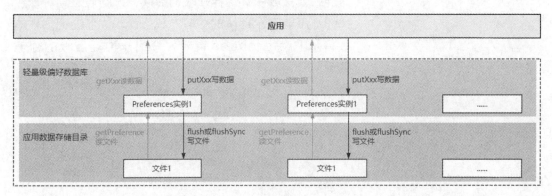

图 10-1 轻量级数据存储机制

鸿蒙系统使用 Preferences 类来存储少量数据。Preferences 类提供了一个非常简单的存储机制,只需要定义一个键值对,就可以将数据存储在 Preferences 中,程序启动的时候,将数据加载到内存中,从而加快读取速度。

应用程序可以通过 DatabaseHelper 的 getPreferences( ) 方法将指定文件的内容加载到 Preferences 实例,每个文件最多有一个 Preferences 实例,系统会通过静态容器将该实例存储在内存中。

获取了文件对应的 Preferences 实例后,应用程序可以通过 get 系列方法从 Preferences 实例中读取数据,还可以通过 put 系列方法将数据写入 Preferences 实例,如果想将内存中的 Preferences 实例持久化到磁盘文件,可以调用 flush( ) 或 flushSync( ) 方法。

10.2 DatabaseHelper 类

首先介绍一下 DatabaseHelper 类。要存取数据,首先需要创建一个数据库,使用数据库辅助类 DatabaseHelper 可以创建一个数据存储实例,其构造函数如下:

```
DatabaseHelper(Context context)
```

该函数通过指定的上下文 context 构造一个 DatabaseHelper 实例。函数执行成功后，数据库文件将存储在由上下文指定的目录里。数据库文件的存储路径根据上下文的不同而不同。

获取上下文参考方法：ohos.app.Context#getApplicationContext( )、ohos.app.AbilityContext#getContext( )。查看详细路径信息：ohos.app.Context#getDatabaseDir( )。

要获取数据文件的存放路径，可以在 AbilitySlice 的 onStart( ) 中执行下面的代码：

```
public void onStart(Intent intent) {
    super.onStart(intent);
    super.setUIContent(ResourceTable.Layout_ability_main);
    context = getContext();

        HiLog.info(LABEL,context.getPreferencesDir().getAbsolutePath() );
}
```

10.2.1 创建数据库

可以通过 DatabaseHelper 的 getPreferences( ) 方法，创建或获取一个偏好实例，如果指定的数据库不存在，则创建一个空数据库；如果存在，则返回这个偏好数据库的实例（Preferences）。getPreferences( ) 函数原型如下：

```
public Preferences getPreferences(String name)
```

参数的含义如下：
- name：指定的数据库文件名。

返回值含义如下：
- Preferences：偏好实例，用于数据操作。

这个函数可能会抛出如下异常：
- IllegalArgumentException：当输入参数不合法时会抛出这个异常。

10.2.2 删除数据文件

可以通过 DatabaseHelper 的 removePreferencesFromCache( ) 或 deletePreferences( ) 方法删除一个数据库文件。

removePreferencesFromCache( ) 函数用于从内存中移除指定文件对应的 Preferences

实例，这个函数只负责删除内存中的缓存，不负责删除磁盘中真正的数据文件，其原型如下：

```
void removePreferencesFromCache(String name)
```

参数含义如下：
- name：指定的数据库文件名。

deletePreferences( ) 用于从内存中移除指定文件对应的 Preferences 实例，并删除指定文件及其备份文件、损坏文件，其原型如下：

```
boolean deletePreferences(String name)
```

参数含义如下：
- name：指定的数据库文件名。

返回值含义如下：
- boolean：删除成功返回 true，失败返回 false。

这个函数可能会抛出如下异常：
- IllegalArgumentException：当输入参数不合法时会抛出这个异常。

10.2.3 移动数据文件

有时候希望将一个配置文件移动到另一个文件夹，可以使用 DatabaseHelper 的 movePreferences( ) 函数，其原型如下：

```
movePreferences(Context sourceContext, String sourceName,
String targetName)
```

参数含义如下：
- sourceContext：程序上下文，主要用于获取程序的一些上下文信息。
- sourceName：需要移动的源文件名路径。
- targetName：目标文件名的路径。

返回值含义如下：
- boolean：移动成功返回 true，失败返回 false。

这个函数可能会抛出两个异常：
- IllegalArgumentException：当输入参数不合法时会抛出这个异常。
- IllegalStateException：在移动文件的过程中发生错误时会抛出这个异常。

10.3 Preferences 偏好数据库的使用

鸿蒙系统的数据存储在 Preferences 偏好文件中，Preferences 偏好文件中存储的是键值对，如声音的开关数据、用户的登录信息等。Preferences 偏好接口用于获取和修改偏好数据。Preferences 偏好类定义了两个常量 MAXKEYLENGTH 和 MAXVALUELENGTH，用于表示键值对的取值范围，含义如表 10-1 所示。

表 10-1 Preferences 常量

常量名	描述
MAXKEYLENGTH	键的最大长度，默认为 80 个字符
MAXVALUELENGTH	String 类型的值的最大长度，默认为 8192 个字符

偏好数据存储在一个文件里，与之对应的有一个唯一的 Preferences 实例，可以通过上述的 DatabaseHelper.getPreferences(String) 方法来获取 Preferences 实例。Preferences 接口的主要方法如下。

10.3.1 getInt 查询整型数据

通过 Preferences 的 get 系列的方法，可以查询不同类型的数据，例如可以将某个人的年龄放到 Preferences 中，年龄是 int 类型，通过 getInt 就能查出年龄。其原型如下：

```
int getInt(String key, int defValue)
```

参数含义如下：
- String key：查询的键，不能为 null 或空字符串。
- int defValue：若未查询到数据，返回的默认值。

返回值含义如下：
- int：指定键对应的 int 类型的值，若未查询到返回 defValue。

如果是其他类型，如浮点型、长整型、字符串型、布尔型、字符数组型，可以通过下面的方法来查询。

```
float getFloat(String key, float defValue)
long getLong(String key, long defValue)
String getString(String key, String defValue)
boolean getBoolean(String key, boolean defValue)
Set<String> getStringSet(String key, Set<String> defValue)
```

另外，还可以调用 getAll( ) 方法来获取该 Preferences 实例的所有偏好数据。其原型如下：

```
Map<String,?> getAll()
```

返回值含义如下：
- Map<String,?>：该 Preferences 实例的所有偏好数据，以 Map 的形式返回，Map 中存储的都是键值对。

10.3.2 插入数据到偏好文件中

有时候，我们想将一个值存储到偏好文件中，可以先通过调用 put 系列的方法修改 Preferences 实例中的数据。例如，putInt( ) 方法用于插入一条键值对数据，其值为 int 类型，若 Preferences 实例中原本没有该键，则插入该条数据，若有该键则更新其对应的值。其原型如下：

```
Preferences putInt(String key, int value)
```

参数含义如下：
- String key：插入的键，不能为 null 或空字符串。
- int value：插入键对应的值。

返回值含义如下：
- Preferences：返回该 Preferences 实例，可用于链式编程。例如下述一条语句就进行了 2 次插入和 1 次删除操作，最后将该实例持久化：

```
preference1. putInt("age",18).putString("gender","male").
delete("address").flush( );
```

如果要将其他类型，如浮点型、长整型、字符串型、布尔型、字符数组型数据放入偏好文件中，类似的方法如下：

```
Preferences putFloat(String key, float value)
Preferences putLong(String key, long value)
Preferences putString(String key, String value)
Preferences putBoolean(String key, boolean value)
Preferences putStringSet(String key, Set<String> value)
```

此时数据的变化仅发生在内存中，若想刷新到数据库文件中，可通过调用 flush( ) 或 flushSync( ) 方法将 Preferences 实例持久化。

flush( ) 方法将 Preferences 实例异步写入文件，其原型如下：

```
void flush()
```

flushSync( ) 方法将 Preferences 实例同步写入文件，其原型如下：

```
boolean flushSync()
```

返回值含义如下：
- boolean：若 Preferences 实例成功被保存到文件则返回 true，否则返回 false。

调用同步方法 flushSync( ) 时，调用者必须等到该方法执行完返回后，才能继续执行后续的代码；而调用异步方法 flush( ) 时，该方法会立即返回，所以没有返回值，调用者可继续执行后续的代码，异步方法 flush( ) 会在另一个线程中执行写入操作。

10.3.3 从偏好文件中删除数据

如果一个数据没用了，可以通过调用 Preferences 的 delete( ) 方法，删除 Preferences 实例中的指定偏好数据，其原型如下：

```
Preferences delete(String key)
```

参数含义如下：
- String key：要删除数据的键，不能为 null 或空字符串。

返回值含义如下：
- Preferences：返回该 Preferences 实例。

还可以通过调用 clear( ) 方法来删除所有偏好数据，其原型如下：

```
Preferences clear()
```

返回值含义如下：
- Preferences：返回该 Preferences 实例。

同样地，接着可通过调用 flush( ) 或 flushSync( ) 方法将 Preferences 实例持久化。

10.3.4 观察数据变化

Preferences 接口中有一个用于监听数据变化的静态嵌套接口：Preferences.PreferencesObserver。该接口有一个抽象方法 onChange( )，开发者可以通过重写 onChange( ) 方法来定义观察者的行为。该方法原型如下：

```
void onChange(Preferences preferences, String key)
```

参数含义如下：
- Preferences preferences：数据发生变化的 Preferences 实例。
- String key：发生变化的键。

Preferences 实例可以通过 registerObserver( ) 方法来注册观察者，方法原型如下：

```
void registerObserver(PreferencesObserver preferencesObserver)
```

参数含义如下：

- PreferencesObserver preferencesObserver：要注册的观察者对象。

Preferences 实例可以通过 unRegisterObserver( ) 方法来注销观察者，方法原型如下：

```
void unRegisterObserver(PreferencesObserver preferencesObserver)
```

参数含义如下：

- PreferencesObserver preferencesObserver：要注销的观察者对象。

10.4 偏好文件存储实例

本节我们通过一个记录水果及其数量的应用来演示怎么使用 Preferences 偏好数据库。本例可以让用户输入水果名称和数量，并实现数据的写入和读取，以及删除数据文件，实现效果如图 10-2 所示。相应代码可在本书代码文件的 chapter10\Preferences2 中找到。

图 10-2　水果存储应用效果实现图

这个界面中有 3 种元素：

- 2 个文本标签 Text，分别显示水果名称和数量文字提示。
- 2 个输入框 TextField，用户可以输入水果和数量的信息。
- 3 个按钮 Button，分别是写数据库、读数据库和删除数据文件。

10.4.1 定义页面布局

首先，我们需要定义一个页面布局，在 HUAWEI DevEco Studio 创建一个 Phone 的 Empty Feature Ability(Java) 模板工程，然后在生成的布局文件 "resources/base/layout/ability_main.xml" 中增加如下代码：

```xml
<?xml version="1.0" encoding="utf-8"?>
<DirectionalLayout
    xmlns:ohos="http://schemas.huawei.com/res/ohos"
    ohos:height="match_parent"
    ohos:width="match_parent"
    ohos:orientation="vertical">

    <Text
        ohos:id="$+id:text_fruit_tag"
        ohos:height="35vp"
        ohos:width="match_parent"
        ohos:background_element="$graphic:text_element"
        ohos:layout_alignment="left"
        ohos:text=" 水果名称 "
        ohos:text_size="85"
        ohos:right_margin="20vp"
        ohos:left_margin="20vp"
        ohos:text_color="#000000"
        ohos:top_margin="25vp"
    />

    <TextField
        ohos:id="$+id:text_fruit"
        ohos:height="35vp"
        ohos:width="match_parent"
        ohos:background_element="$graphic:text_element"
        ohos:layout_alignment="left"
        ohos:text="Orange"
        ohos:text_size="50"
        ohos:right_margin="20vp"
        ohos:left_margin="20vp"
```

```xml
        ohos:text_color="#000000"
        ohos:top_margin="25vp"
        ohos:basement="#000099"
    />

    <Text
        ohos:id="$+id:text_number_tag"
        ohos:height="35vp"
        ohos:width="match_parent"
        ohos:background_element="$graphic:text_element"
        ohos:layout_alignment="left"
        ohos:text=" 数量 "
        ohos:text_size="85"
        ohos:right_margin="20vp"
        ohos:left_margin="20vp"
        ohos:text_color="#000000"
        ohos:top_margin="25vp"
    />

    <TextField
        ohos:id="$+id:text_number"
        ohos:height="35vp"
        ohos:width="match_parent"
        ohos:background_element="$graphic:text_element"
        ohos:layout_alignment="left"
        ohos:text="25"
        ohos:text_size="50"
        ohos:right_margin="20vp"
        ohos:left_margin="20vp"
        ohos:text_color="#000000"
        ohos:top_margin="25vp"
        ohos:basement="#000099"
    />

    <Button
        ohos:id="$+id:write_btn"
        ohos:width="match_parent"
```

```xml
    ohos:height="35vp"
    ohos:text="写数据库"
    ohos:background_element="$graphic:button_element"
    ohos:text_size="50"
    ohos:text_color="#FFFFFF"
    ohos:top_margin="25vp"
    ohos:right_margin="20vp"
    ohos:left_margin="20vp"
/>

<Button
    ohos:id="$+id:read_btn"
    ohos:width="match_parent"
    ohos:height="35vp"
    ohos:text="读数据库"
    ohos:background_element="$graphic:button_element"
    ohos:text_size="50"
    ohos:text_color="#FFFFFF"
    ohos:top_margin="25vp"
    ohos:right_margin="20vp"
    ohos:left_margin="20vp"
/>

<Button
    ohos:id="$+id:delete_btn"
    ohos:width="match_parent"
    ohos:height="35vp"
    ohos:text="删除数据文件"
    ohos:background_element="$graphic:button_element"
    ohos:text_size="50"
    ohos:text_color="#FFFFFF"
    ohos:top_margin="25vp"
    ohos:right_margin="20vp"
    ohos:left_margin="20vp"
/>

</DirectionalLayout>
```

在这个布局定义了：
- 2 个 Text 组件，分别显示水果名称和数量。
- 2 个 TextField 组件，用户可以输入水果和数量的信息。
- 3 个 Batton 组件，分别用于写、读、删数据库。

为了美化界面，我们对 Text、TextField 和 Button 组件做了一些美化工作。在"resources/base/graphic/"目录下增加 text_element.xml 文件，用来定义 Text 和 TextField 背景属性，下述代码将背景形状设为矩形，圆角半径为 10vp，颜色设为灰色：

```xml
<?xml version="1.0" encoding="UTF-8" ?>
<shape xmlns:ohos="http://schemas.huawei.com/res/ohos"
  ohos:shape="rectangle">
  <corners
    ohos:radius="10vp"/>
  <solid
    ohos:color="#d9d9d9"/>
</shape>
```

效果如图 10-3 所示。

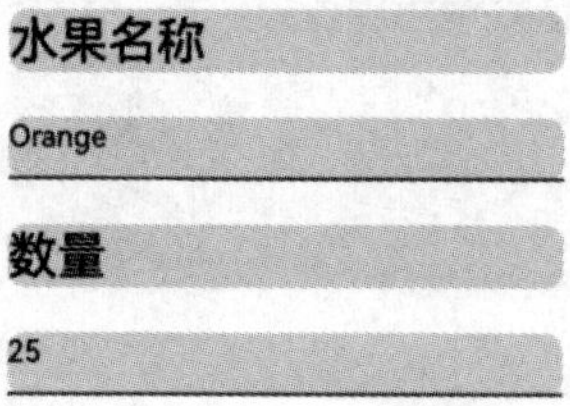

图 10-3　页面效果图

button_element.xml 文件用来定义 Button 背景属性，下述代码将背景形状设为矩形，圆角半径为 10vp，颜色设为粉色：

```xml
<?xml version="1.0" encoding="utf-8"?>
<shape xmlns:ohos="http://schemas.huawei.com/res/ohos"
  ohos:shape="rectangle">
  <corners
    ohos:radius="10vp"/>
  <solid
    ohos:color="#f4cccc"/>
</shape>
```

效果如图 10-4 所示。

图 10-4 页面效果图

10.4.2 界面按钮业务逻辑

使用 XML 定义好界面样式后，我们在 MainAbilitySlice 中编写主要的业务逻辑，主要是监听 3 个按钮的事件，然后做出相应的处理。

首先在 MainAbilitySlice 中定义几个变量，用于存储按钮和输入框等的引用，代码如下：

```
// 窗口的上下文
private Context context;
// 读数据库按钮
private Button btnWrite;
// 写数据库按钮
private Button btnRead;
// 删除数据文件按钮
private Button btnDelete;
// 水果名称输入框
private TextField textFiledFruit;
// 水果数量输入框
private TextField textFiledNumber;
// 数据库文件名
private String filename;
// 偏好文件接口
private Preferences preferences;
// 数据库辅助类
private DatabaseHelper databaseHelper;
```

MainAbilitySlice 启动后，会调用 onStart 函数，这个函数的代码如下：

```
public void onStart(Intent intent) {
    super.onStart(intent);
    // 设置布局资源文件，即 resources/base/layout/ability_main.xml
```

```
        super.setUIContent(ResourceTable.Layout_ability_main);
        // 获取数据文件存储路径
        context = getContext();
        // 获取3个按钮的实例的引用
        btnWrite = (Button) findComponentById(ResourceTable.Id_write_btn);
        btnRead = (Button) findComponentById(ResourceTable.Id_read_btn);
        btnDelete = (Button) findComponentById(ResourceTable.Id_delete_btn);
        // 获取2个输入框实例的引用
        textFiledFruit = (TextField) findComponentById(ResourceTable.Id_text_fruit);
        textFiledNumber = (TextField) findComponentById(ResourceTable.Id_text_number);
        // 初始化一个数据库辅助类
        databaseHelper = new DatabaseHelper(context);
        // 初始化数据库的文件名,fileName 表示文件名,其取值不能为空,也不能包含路径,默认存储目录可以通过 context.getPreferencesDir() 获取
        filename = "pdb";
        // 获得偏好对象
        preferences = databaseHelper.getPreferences(filename);
        // 设置几个按钮的监听事件和业务逻辑
        btnWrite();
        btnRead();
        btnDelete();
    }
```

这个函数主要做了以下几件事情:
- 首先设置布局资源,获取布局中 3 个按钮、2 个输入框组件对象。
- 接着创建了数据库辅助类 DatabaseHelper,调用它的 getPreferences( ) 函数来获取偏好对象。
- 最后调用了 btnWrite( )、btnRead( )、btnDelete( ) 函数设置几个按钮的单击监听事件,函数体具体内容见下文。

10.4.3 初始化数据库

与初始化数据库相关的代码如下。先通过 getContext( ) 方法获取上下文 context,再创建一个 DatabaseHelper 对象,context 为传递给构造方法的参数,这样数据库文件就会存储在由上下文指定的目录里,最后通过调用 DatabaseHelper 的 getPreferences( ) 方法来获取指定文件对应的偏好对象。

```
// 获取数据文件存储路径
Context context = getContext();
// 初始化一个数据库辅助类
databaseHelper = new DatabaseHelper(context);
// 初始化数据库的文件名
filename = "pdb";
// 获得偏好对象
preferences = databaseHelper.getPreferences(filename);
```

10.4.4 将数据写入偏好数据库中

MainAbilitySlice 中添加 btnWrite( ) 方法，内容为 write_btn 按钮被单击后的处理逻辑，即把输入框中的内容写入数据库文件中，并用 ToastDialog 对话框提示成功或失败，代码如下：

```
private void btnWrite() {
    btnWrite.setClickedListener(new Component.ClickedListener() {
        @Override
        public void onClick(Component component) {
            String fruit = textFiledFruit.getText();
            try {
                int number = Integer.parseInt(textFiledNumber.getText());
                preferences.putInt("number",number);
                preferences.putString("fruit",fruit);
                preferences.flush();
                new ToastDialog(context).setText(" 写数据到 DB 文件成功 ").show();
            } catch (NumberFormatException e) {
                new ToastDialog(context).setText(" 请输入一个数字到输入框中，保存失败 ").show();
            }
        }
    });
}
```

这段代码的主要含义如下：

- btnWrite.setClickedListener(new Component.ClickedListener( ) {...}): 为 write_btn 按钮注册一个单击监听事件。
- String fruit = textFiledFruit.getText( ): 获取水果输入框的内容。
- int number = Integer.parseInt(textFiledNumber.getText( )): 获取数量输入框的内容,并转为 int 类型。
- preferences.putInt("number", number) 和 preferences.putString("fruit",fruit): 将获取的内容写入到偏好对象中。
- preferences.flush( ): 将偏好对象持久化到对应文件。
- new ToastDialog(context).setText("写数据到 DB 文件成功").show( ): 成功写入后,提示写入成功。
- new ToastDialog(context).setText("请输入一个数字到输入框中,保存失败").show( ): 如果发生了数字转化错误,提示失败信息。

10.4.5 从偏好数据库中读数据

读数据需要在 MainAbilitySlice 中添加按钮事件,通过单击按钮读取数据。这个读取数据的方法是 btnRead( ),读取数据库文件中的相应数据,并用 ToastDialog 对话框展示读取的数据,代码如下:

```
private void btnRead() {
    btnRead.setClickedListener(new Component.ClickedListener() {
        @Override
        public void onClick(Component component) {
            String string = String.format(Locale.ENGLISH,"Fruit:%s,Number: %d",
                                preferences.getString("fruit",""),preferences.getInt("number", 0));
            new ToastDialog(context).setText(string).show();
        }
    });
}
```

这段代码的主要含义如下:
- 首先用 btnRead 的 setClickedListener( ) 方法注册一个单击监听事件,然后用 preferences.getString("fruit","") 和 preferences.getInt("number", 0) 获取偏好数据库中的键为 "fruit" 和 "number" 对应的值,如果没有对应值则返回空字符串和 0,再通过 String.format( ) 格式化为 "Fruit: %s,Number: %d" 的形式。
- 最后通过 ToastDialog 弹出提示框展示该信息到界面,如图 10-5 底部所示。

图 10-5　数据读界面

10.4.6　删除偏好数据库中的数据

MainAbilitySlice 中添加 btnDelete( ) 方法，内容为 delete_btn 按钮被单击后的处理逻辑，即删除数据库文件，并用 ToastDialog 对话框提示成功或失败，代码如下：

```
private void btnDelete() {
    btnDelete.setClickedListener(new Component.ClickedListener() {
        @Override
        public void onClick(Component component) {
            if (databaseHelper.deletePreferences(filename)) {
                preferences.clear();
                new ToastDialog(context).setText("删除 DB 文件成功").show();
            } else {
                new ToastDialog(context).setText("删除 DB 文件失败").show();
            }
        }
    });
}
```

这段代码的主要含义如下：

- 首先为 delete_btn 按钮注册一个单击监听事件，然后用 databaseHelper.deletePreferences(filename) 删除数据库文件，如果删除成功则通过 preferences.clear( ) 清空偏好对象中的数据，并用 ToastDialog 对话框提示删除成功。
- 如果删除失败则用 ToastDialog 提示删除失败。

10.4.7 查看 preferences 文件的内容

最终的 preferences 文件存放在哪里呢？可以通过 context.getPreferencesDir( ).getAbsolutePath( ) 函数获得，代码如下：

```
context = getContext();
HiLog.info(LABEL," 路 径 为 %s" ,context.getPreferencesDir().getAbsolutePath() );
```

本案例的 preferences 文件存储在 /data/data/com.hellodemos.perferences/MainAbility/preferences 中，preferences 中有一个 pdb 文件，打开这个文件，可以查看其中的内部结构：

```
<?xml version="1.0" encoding="UTF-8"?>
<preferences version="1.0">
  <int key="number" value="25"/>
<string key="fruit" value="Orange"></string>
</preferences>
```

我们发现这就是一个普通的 XML 文件，可以看出偏好数据库最终就是以 XML 文件格式存储的，这里记录了：
- 第一行为版本号和编码信息，表示 XML 的版本是 1.0，使用的是 UTF-8 字符编码。
- 接着是一组偏好数据，以键值对的形式存储，其内容为：键为"number"，值为 25 的一条数据和键为"fruit"，值为"Orange"的一条数据。

10.5 小结

本章介绍了鸿蒙系统的轻量级数据存储管理，其主要用于保存应用程序常用的配置数据，数据量不大。在程序启动的时候，可以将数据全量加载到内存中，从而加快读取速度。通过本章的学习，你应当掌握如何借助 DatabaseHelper 类创建、打开、删除、移动轻量级数据库，如何借助 Preferences 类对轻量级数据库进行增、删、查、改。当发现有一些偏好、设置数据需要存储时，可以考虑使用 Preferences 进行存储，其小巧灵活、简单易懂。

第 11 章
关系型数据存储管理

一个应用程序无论有多么令人叹为观止的用户交互，背后都需要和数据打交道。我们在使用微信、抖音、今日头条、淘宝的时候，表面上是在操作界面上的元素，实际上是进行背后数据的流动、存取。例如刷新今日头条新闻的时候，新闻从网络中取下来，然后存储在本地的数据库里，这样下次翻看这条新闻的时候，就不会重新从网络中获取数据，而是直接从数据库中取出数据并显示出来。数据就是应用的灵魂，没有数据的应用就像一个空壳，用户无法从应用中获取有用的信息。那么这些应用的数据是如何存储在鸿蒙系统中的？又是怎么变化的呢？本章将讲解数据在关系型嵌入式数据库中是如何保存的。

在第 10 章，我们讲解了偏好数据的读写。偏好数据实际上是键值对，属于非关系型数据，它仅能存储少量的数据，不利于快速查询，例如存储几十万条微信的聊天消息等。Preference 由于最终是以类 XML 的文本文件存储的，这种存储方式不好做优化，如索引、关系范式等，所以数据量一大，就会显得力不从心。这时就需要关系型数据库来存储这些数据。本章将介绍鸿蒙系统中使用的关系数据库 SQLite。

11.1　SQLite 数据存储的存取

和 Android 一样，鸿蒙系统本质上是一种嵌入式操作系统。嵌入式操作系统一般使用嵌入式关系型数据库，类似 MySQL、Oracle 这样的巨型数据库，在嵌入式系统中显然是不合适的。SQLite 是一款轻量级、跨平台的关系型数据库，它无须配置，操作简单，可以非常方便地以多种形式嵌入其他应用程序中，支持事务并完全遵守 ACID 原则，它是目前业界最好的开源嵌入式数据库，也是 Android、鸿蒙选择的数据库，也可以说，它是目前应用最多的数据库，基本上每台手机上都有很多个 SQLite 数据库。

11.1.1　创建一个数据库

本章先介绍一些 SQLite 的基本理论，然后再通过一个实例讲解其具体使用。鸿蒙系统为了让我们方便地操作 SQLite 数据库，提供了一个方便的 ORM 框架。ORM（Object Relational Mapping）即"对象关系映射"，该框架屏蔽了底层 SQLite 数据库的 SQL 操作，开发者不必再去编写复杂的原生 SQL 语句，取而代之的是使用该框架提供的一系列面向对象的 API 来操作数据库，让开发者专注于业务逻辑的处理，提高开发效率。鸿蒙系统专门提供了一个 DatabaseHelper 类，帮助我们创建数据库的 ORM 实例。

DatabaseHelper 有一个非常重要的方法 getOrmContext( )，用于获取 ORM 上下文(OrmContext) 的实例，通过 OrmContext 实例就可以非常容易地操作数据库，对数据库进行增、删、改、查了。getOrmContext( ) 有几个重载函数，参数不一样，但是功能类似，分别解释如下：

```
public <T extends OrmDatabase> OrmContext getOrmContext(String alias, String name, Class<T> ormDatabase, OrmMigration... migrations)
```

参数如下：
- String alias：数据库别名，如 database。
- String name：数据库名，如 database.db，和 alias 相比，这里是一个数据库文件名。
- Class<T> ormDatabase：对应的数据库类的 Class 对象，该类必须为 OrmDatabase 类的子类。
- OrmMigration... migrations：用于数据库升降级的配置类对象，此参数为可选项。

当数据库不存在时，该方法会根据 ormDatabase 创建一个别名为 alias、数据库文件名为 name 的数据库，并返回该数据库对应的 OrmContext 实例；当该数据库存在时，不会重复创建，而是直接返回对应的 OrmContext 实例。

```
public <T extends OrmDatabase> OrmContext getOrmContext(OrmConfig ormConfig, Class<T> ormDatabase, OrmMigration... migrations)
```

参数如下：
- OrmConfig ormConfig：数据库配置类对象。
- Class<T> ormDatabase：对应的数据库类的 Class 对象，该类必须为 OrmDatabase 类的子类。
- OrmMigration...migrations：用于数据库升降级的配置类对象，此参数为可选项。

此方法与上一个方法功能类似，区别在于入参 OrmConfig 除了可以设置 alias 和 name 外，还可以设置 DatabaseFileSecurityLevel（数据库文件安全等级，可以是 NO_LEVEL、S0、S1、S2、S3、S4）、DatabaseFileType（数据库文件类型，可以是 BACKUP、CORRUPT、NORMAL）和 EncryptKey（数据库密钥，如果在创建数据库时传入了密钥，后续打开时需传入正确的密钥）。

```
public OrmContext getOrmContext(String alias)
```

参数如下：
- String alias：数据库别名。

此方法会根据数据库别名获取对应的 OrmContext 实例。

11.1.2 插入一个数据到数据库

创建数据库后，接下来学习如何插入一条数据到数据库中。我们对数据库的操作一般有四种，分别是 CURD，其中 C 表示创建（Create）、U 表示更新（Update）、R 表示读取（Retrieve）、D 表示删除（Delete）。下面是向数据库插入一条数据的一段代码：

```
User user = new User();
user.setFirstName("Li");
user.setLastName("San");
user.setAge(29);
user.setBalance(100.51);
// context入参类型为ohos.app.Context,注意不要使用slice.getContext()来获取context,请直接传入slice,否则会出现找不到类的报错。
DatabaseHelper helper = new DatabaseHelper(this);
OrmContext ormContext = helper.getOrmContext("OrmTestDB", "OrmTestDB.db", BookStore.class);
ormContext.insert(user);
ormContext.flush();
ormContext.close();
```

这段代码的主要含义是：
首先我们定义了一个 User 类，表示需要插入的一行数据。User 类表示用户，有

FirstName、LastName、Age、Balance 四个属性。我们分别向这 4 个属性插入了值，准备插入数据库中。

接着我们通过 DatabaseHelper 的 getOrmContext( ) 方法，根据 BookStore 类创建了一个别名为"OrmTestDB"，数据库文件名为"OrmTestDB.db"的数据库（如果数据库已经存在，该方法不会重复创建），并返回对应的 OrmContext 实例。

接着调用 OrmContext 对象的 insert( ) 方法，入参为刚创建的 user 对象，表示向数据库插入该条数据，如果插入成功该方法会返回 true，否则返回 false。

最后调用 OrmContext 对象的 flush( ) 方法将数据持久化到数据库文件中去，如果不再对数据库操作，可调用 close( ) 方法关闭资源。

代码中的数据库类对象和实体类对象（或称为表对象），在本案例中是 user 对象，必须遵守以下规则。

数据库类（本例中的 BookStore 类）需要继承 OrmDatabase 类并用 @Database 注解。该注解主要有以下几个属性：

- entities：数据库内包含的表。
- version：数据库版本号。

例如，下段代码定义了一个数据库类 BookStore，数据库包含了 User、Book、AllDataType 三个表，版本号为 1。数据库类的 getVersion( ) 方法和 getHelper( ) 方法不需要实现，直接将数据库类设为抽象类即可。

```
@Database(entities = {User.class, Book.class, AllDataType.class}, version = 1)
public abstract class BookStore extends OrmDatabase {
}
```

实体类（本例中的 User 类）需要继承 OrmObject 类并用 @Entity 注解，该注解主要有以下几个属性：

- tableName：表名。
- primaryKeys：主键名。一个表里只能有一个主键，一个主键可以由多个字段组成。
- foreignKeys：外键列表。
- indices：索引列表。
- ignoredColumns：忽略的属性列表。

例如，下段代码定义了一个实体类 User，对应数据库内的表名为"user"；indices 为"firstName"和"lastName"，两个字段建立了复合索引"name_index"，并且索引值是唯一的；"ignoredColumns"表示该属性不需要添加到"user"表的字段中。为什么会有 ignoredColumns 这个注解呢？因为可以选择性地将 User 类中的某些字段放入数据库，某些字段不需要放入数据库中。

```
@Entity(tableName = "user", ignoredColumns = "ignoreColumn",
```

```
            indices = {@Index(value = {"firstName", "lastName"},
name = "name_index")})
    public class User extends OrmObject {
        // 此处将userId设为了自增的主键。注意只有在数据类型为包装类型时，自增主键才能生效
        @PrimaryKey(autoGenerate = true)
        private Integer userId;
        private String firstName;
        private String lastName;
        private int age;
        private double balance;
        private int ignoreColumns;
        private long useTimestamp;

        // 还需添加各属性的getter()方法和setter()方法
    }
```

实体类的属性上可以添加的注解如表 11-1 所示。

表 11-1 实体类常用注解

注解名称	解释
@PrimaryKey	被 @PrimaryKey 注解的变量对应数据表的主键
@Column	被 @Column 注解的变量对应数据表的字段
@ForeignKey	被 @ForeignKey 注解的变量对应数据表的外键
@Index	被 @Index 注解的内容对应数据表索引的属性

11.1.3 从数据库中请求数据

数据库中有数据后，我们想要从数据库中查询数据时，可调用 <T extends OrmObject>List<T> query(OrmPredicates predicates) 方法，入参 OrmPredicates 是用来构造查询条件的，可代替复杂的原生 SQL 语句。OrmPredicates 谓词通过 and( )、or( )、equal( ) 等方法来构造 SQL 语句，也就是查询的条件，然后使用谓词将数据查询出来，示例代码如下：

```
DatabaseHelper helper = new DatabaseHelper(this);
OrmContext ormContext = helper.getOrmContext("OrmTestDB",
"OrmTestDB.db", BookStore.class);
OrmPredicates predicates = ormContext.where(User.class);
predicates.equalTo("lastName", "San");
List<User> users = ormContext.query(predicates);
```

```
ormContext.flush();
ormContext.close();
```

这段代码的主要含义是：
- 首先我们通过 DatabaseHelper 的 getOrmContext( ) 方法，根据 BookStore 类创建了一个别名为"OrmTestDB"，数据库文件名为"OrmTestDB.db"的数据库（如果数据库已经存在，该方法不会重复创建），并返回对应的 OrmContext 实例。
- 接着通过 OrmContext 的 where( ) 方法创建了一个 OrmPredicates（谓词）对象，查询条件为"lastName"为"San"的 user 对象。
- 然后调用 OrmContext 的 query( ) 方法根据谓词条件来查询数据，并将结果保存在一个 User 列表中。
- 同样地，最后 2 行代码用于持久化和释放资源。

11.1.4　OrmPredicates 查询谓词

在数学中，谓词表示描述一个个体特征的一种数学逻辑，比较类似于一个公式，如满足 1+X=3 的 X 有哪些，反映到数据库中就是满足 Id=1 并且 firstName="San"的 user 对象有哪些，所以它是查询的一种表达方式。其终极目标是告诉 ORM 框架，怎么去构造 SQL 语句，希望查询、更新什么样的结果。鸿蒙中用 OrmPredicates 类来表示谓词。

OrmPredicates 主要有以下几类方法，这些方法的返回值都为该 OrmPredicates 对象本身，可用于链式编程。
- equalTo 系列方法表示相等，例如 equalTo(String field, int value)。
- between 系列方法表示在上下界之间，例如 between(String field, float low, float high)。
- notBetween 系列方法表示不在上下界之间，例如 notBetween(String field, double low, double high)。
- greaterThan 系列方法表示大于，例如 greaterThan(String field, double value)。
- greaterThanOrEqualTo 系列方法表示大于或等于，例如 greaterThanOrEqualTo(String field, long value)。
- lessThan 系列方法表示小于，例如 lessThan(String field, double value)。
- lessThanOrEqualTo 系列方法表示小于或等于，例如 lessThanOrEqualTo(String field, Time value)。
- notEqualTo 系列方法表示不等于，例如 notEqualTo(String field, boolean value)。
- in 系列方法表示在所给数组中，例如 in(String field, long[ ] values)。
- notIn 系列方法表示不在所给数组中，例如 notIn(String field, float[ ] values)。
- beginsWith(String field, String value) 表示字符串类型字段以参数 value 开头。
- endsWith(String field, String value) 表示字符串类型字段以参数 value 结尾。

- like(String field, String value) 表示字符串类型字段的模糊查询。
- orderByAsc(String field) 表示按指定字段升序排序。
- orderByDesc(String field) 表示按指定字段降序排序。
- groupBy(String[ ] fields) 表示以指定字段分组。
- distinct( ) 表示去重。
- or( ) 表示或的关系。

11.1.5 删除数据

当我们想删除数据时可以调用 <T extends OrmObject>boolean delete(T object) 方法，示例代码如下：

```
DatabaseHelper helper = new DatabaseHelper(this);
OrmContext ormContext = helper.getOrmContext("OrmTestDB",
"OrmTestDB.db", BookStore.class);
OrmPredicates predicates = ormContext.where(User.class).
equalTo("age", 29);
List<User> users = ormContext.query(predicates);
if (users.size() > 0) {
  User user = users.get(0);
  ormContext.delete(user)
}
ormContext.flush();
ormContext.close();
```

这段代码解释如下：
- 首先我们通过 DatabaseHelper 的 getOrmContext( ) 方法，根据 BookStore 类创建了一个别名为"OrmTestDB"，数据库文件名为"OrmTestDB.db"的数据库（如果数据库已经存在，该方法不会重复创建），并返回对应的 OrmContext 实例。
- 接着在数据库的 user 表中查询"age"为 29 的数据，查询结果保存到一个 User 列表中。
- 如果该列表中元素个数大于 0，则通过 delete( ) 方法删除列表第一个对象对应的那条数据。如果删除成功，delete( ) 方法返回 true，否则返回 false。
- 同样地，最后 2 行代码用于持久化和释放资源。

11.1.6 更新数据

当我们想更新数据时可以调用 <T extends OrmObject>boolean update(T object) 方法，

示例代码如下：

```
DatabaseHelper helper = new DatabaseHelper(this);
OrmContext ormContext = helper.getOrmContext("OrmTestDB",
"OrmTestDB.db", BookStore.class);
OrmPredicates predicates = ormContext.where(User.class);
predicates.equalTo("age", 29);
List<User> users = ormContext.query(predicates);
if (users.size() > 0) {
   User user = users.get(0);
   user.setFirstName("Li");
   ormContext.update(user)
}
ormContext.flush();
ormContext.close();
```

这段代码的主要含义是：
- 首先我们通过 DatabaseHelper 的 getOrmContext( ) 方法，根据 BookStore 类创建了一个别名为"OrmTestDB"，数据库文件名为"OrmTestDB.db"的数据库（如果数据库已经存在，该方法不会重复创建），并返回对应的 OrmContext 实例。
- 接着在数据库的 user 表中查询"age"为 29 的数据，查询结果保存到一个 User 列表。
- 如果该列表中元素个数大于 0，则将列表第一个对象的 firstName 更新为"Li"，通过 update( ) 方法更新该对象对应的那条数据。如果更新成功，update() 方法返回 true，否则返回 false。
- 同样地，最后 2 行代码用于持久化和释放资源。

11.1.7 备份数据库

有时候我们需要对重要的数据进行备份，以便数据损坏或丢失时进行恢复。示例代码如下：

```
DatabaseHelper helper = new DatabaseHelper(this);
OrmContext ormContext = helper.getOrmContext("OrmTestDB",
"OrmTestDB.db", BookStore.class);
ormContext.backup("OrmTestDBBackup.db");
ormContext.flush();
ormContext.close();
```

通过 backup( ) 方法备份数据库,其中原数据库名为"OrmTestDB.db",备份数据库名为"OrmTestDBBackup.db"。如果备份成功,backup( ) 方法返回 true,否则返回 false。

11.1.8 恢复数据库

恢复数据库的示例代码如下:

```
DatabaseHelper helper = new DatabaseHelper(this);
OrmContext ormContext = helper.getOrmContext("OrmTestDB",
"OrmTestDB.db", BookStore.class);
ormContext.restore("OrmTestDBBackup.db")
ormContext.flush();
ormContext.close();
```

通过 restore( ) 方法恢复数据库,将 OrmTestDB.db 数据库恢复为 OrmTestDBBackup.db。如果恢复成功,restore( ) 方法返回 true,否则返回 false。

11.1.9 删除数据库

删除数据库的示例代码如下:

```
DatabaseHelper helper = new DatabaseHelper(this);
helper.deleteRdbStore("OrmTestDB.db")
```

通过 deleteRdbStore( ) 方法删除 OrmTestDB.db 数据库。如果删除成功,restore( ) 方法返回 true,否则返回 false。

11.1.10 升级数据库

如果我们有多个版本的数据库,可以通过设置数据库版本迁移类来实现数据库版本升降级。数据库版本升降级的调用示例如下。其中 BookStoreUpgrade 类也是一个继承了 OrmDatabase 的数据库类,与 BookStore 类的版本号不同。

```
OrmContext context = helper.getOrmContext("OrmTestDB",
"OrmTestDB.db", BookStoreUpgrade.class,
        new TestOrmMigration32(),
        new TestOrmMigration23(),
        new TestOrmMigration12(),
        new TestOrmMigration21());
```

BookStoreUpgrade 类的代码如下：

```
@Database(entities = {UserUpgrade.class, BookUpgrade.class,
AllDataTypeUpgrade.class}, version = 3)
    public abstract class BookStoreUpgrade extends OrmDatabase {
}
```

TestOrmMigration12 的实现示例如下：

```
private static class TestOrmMigration12 extends OrmMigration {
    // 此处用于配置数据库版本迁移的开始版本和结束版本，super(startVersion,
endVersion) 即数据库版本号从 1 升到 2
    public TestOrmMigration12() {
        super(1, 2);
    }

    @Override
    public void onMigrate(RdbStore store) {
            store.executeSql("ALTER TABLE `Book` ADD COLUMN
`addColumn12` INTEGER");
    }
}
```

注意：数据库版本迁移类的开始版本和结束版本必须是连续的，例如：
- 如果 BookStore.db 的版本号为"1"，BookStoreUpgrade.class 的版本号为"2"时，TestOrmMigration12 类的 onMigrate 方法会被自动回调。
- 如果 BookStore.db 的版本号为"1"，BookStoreUpgrade.class 的版本号为"3"时，TestOrmMigration12 类和 TestOrmMigration23 类的 onMigrate 方法会依次被回调。

11.2 数据库操作案例

为了巩固本章的知识点，本节通过一个案例来讲解如何开发数据的增、删、改、查等功能，实现效果如图 11-1 所示。相应代码可在本书代码文件的 chapter11\ORM 中找到。通过本例的学习，大家能掌握基本的数据库操作：
- insert（数据插入）：插入一条数据，其中 firstName 随机，lastName 为"san"，age 为 29，balance 为 100.51，userId 为自增。
- delete（数据删除）：删除 age 为 29 的数据。
- update（数据更新）：将 age 为 29 的数据的 firstName 更新为"Li"。

- query（数据查询）：查询 lastName 为"san"的数据。
- upgrade（数据库升级）：将数据库版本从 1 升级到 3。
- backup（数据库备份）：将数据库备份，以便在数据损坏或删除后恢复。
- deleteDB（数据库删除）：将原数据库删除。
- restore（数据库恢复）：数据库删除后可进行恢复。

图 11-1　数据库 CURD

11.2.1　定义页面布局

在布局文件 resources/base/layout/ability_main.xml 中增加如下代码。该页面定义了 1 个文本组件和 8 个按钮组件。

```
<?xml version="1.0" encoding="utf-8"?>
<DirectionalLayout
    xmlns:ohos="http://schemas.huawei.com/res/ohos"
    ohos:height="match_parent"
    ohos:width="match_parent"
    ohos:orientation="vertical">
```

```xml
<Text
    ohos:id="$+id:log_text"
    ohos:height="300vp"
    ohos:width="match_parent"
    ohos:background_element="$graphic:text_background"
    ohos:multiple_lines="true"
    ohos:padding="10vp"
    ohos:start_margin="20vp"
    ohos:end_margin="20vp"
    ohos:top_margin="20vp"
    ohos:bottom_margin="10vp"
    ohos:scrollable="true"
    ohos:text_alignment="top"
    ohos:text_size="20fp"
/>

<DirectionalLayout
    ohos:height="match_content"
    ohos:width="match_parent"
    ohos:orientation="horizontal"
    ohos:start_margin="20vp"
    ohos:end_margin="20vp"
    >

    <Button
        ohos:id="$+id:insert_button"
        ohos:height="$float:button_height"
        ohos:width="0"
        ohos:theme="$pattern:button_blue"
        ohos:text="$string:insert"
        ohos:weight="1"
        />

    <Button
        ohos:id="$+id:update_button"
        ohos:height="$float:button_height"
        ohos:width="0"
```

```xml
            ohos:theme="$pattern:button_blue"
            ohos:start_margin="20vp"
            ohos:end_margin="0px"
            ohos:text="$string:update"
            ohos:weight="1"
            />
    </DirectionalLayout>

    <DirectionalLayout
        ohos:height="match_content"
        ohos:width="match_parent"
        ohos:orientation="horizontal"
        ohos:start_margin="20vp"
        ohos:end_margin="20vp"
        >

        <Button
            ohos:id="$+id:delete_button"
            ohos:height="$float:button_height"
            ohos:width="0"
            ohos:theme="$pattern:button_blue"
            ohos:text="$string:delete"
            ohos:weight="1"
            />

        <Button
            ohos:id="$+id:query_button"
            ohos:height="$float:button_height"
            ohos:width="0"
            ohos:theme="$pattern:button_blue"
            ohos:start_margin="20vp"
            ohos:end_margin="0px"
            ohos:text="$string:query"
            ohos:weight="1"
            />
    </DirectionalLayout>
```

```xml
<DirectionalLayout
    xmlns:ohos="http://schemas.huawei.com/res/ohos"
    ohos:height="match_content"
    ohos:width="match_parent"
    ohos:orientation="horizontal"
    ohos:start_margin="20vp"
    ohos:end_margin="20vp"
    >

    <Button
        ohos:id="$+id:upgrade_button"
        ohos:height="$float:button_height"
        ohos:width="match_parent"
        ohos:theme="$pattern:button_blue"
        ohos:text="$string:upgrade"
        />

</DirectionalLayout>

<DirectionalLayout
    xmlns:ohos="http://schemas.huawei.com/res/ohos"
    ohos:height="match_content"
    ohos:width="match_parent"
    ohos:orientation="horizontal"
    ohos:start_margin="20vp"
    ohos:end_margin="20vp"
    >

    <Button
        ohos:id="$+id:backupDB_button"
        ohos:height="$float:button_height"
        ohos:width="0"
        ohos:theme="$pattern:button_blue"
        ohos:text="$string:backup"
        ohos:weight="1"
        />
```

```xml
        <Button
            ohos:id="$+id:deleteDB_button"
            ohos:height="$float:button_height"
            ohos:width="0"
            ohos:theme="$pattern:button_blue"
            ohos:start_margin="20vp"
            ohos:end_margin="0px"
            ohos:text="$string:deleteDB"
            ohos:weight="1"
            />

        <Button
            ohos:id="$+id:restoreDB_button"
            ohos:height="$float:button_height"
            ohos:width="0"
            ohos:theme="$pattern:button_blue"
            ohos:start_margin="20vp"
            ohos:end_margin="0px"
            ohos:text="$string:restore"
            ohos:weight="1"
            />
    </DirectionalLayout>

</DirectionalLayout>
```

11.2.2 定义数据库类和实体类

数据库类 BookStore 需继承 OrmDatabase 类，数据库包含了 User、Book、AllDataType 三个表，版本号为 1，代码如下：

```
@Database(entities = {User.class, Book.class, AllDataType.class}, version = 1)
public abstract class BookStore extends OrmDatabase {
}
```

实体类 User 需继承 OrmObject 类，对应数据库内的表名为 "user"；indices 为 "firstName" 和 "lastName"，两个字段建立了复合索引 "name_index"，并且索引值唯一；"ignoredColumns" 表示该属性不需要添加到 "user" 表的字段中。代码如下：

```
    @Entity(tableName = "user", ignoredColumns = "ignoreColumn",
            indices = {@Index(value = {"firstName", "lastName"},
name = "name_index")})
    public class User extends OrmObject {
        @PrimaryKey(autoGenerate = true)
        private Integer userId;
        private String firstName;
        private String lastName;
        private int age;
        private double balance;
        private int ignoreColumns;
        private long useTimestamp;

        // 各属性的getter/setter方法
        ...
    }
```

Book、AllDataType 两个表对应的实体类代码也类似。具体可参考本书代码文件的 chapter11\ORM。

11.2.3 初始化数据库

MainAbilitySlice 启动后，会调用 onStart( ) 函数。onStart( ) 函数中调用了 initComponents 函数，其代码如下：

```
    private void initComponents() {
        // 获取文本组件对象
        Component componentText = findComponentById(ResourceTable.Id_log_text);
        // 如果该组件属于文本类型，将进行一个强转换，从 Component 类型转换为 Text
类型，并赋值给变量 logText
        if (componentText instanceof Text) {
            logText = (Text) componentText;
        }
        // 获取数据库升级按钮组件
        Component upgradeButton = findComponentById(ResourceTable.Id_upgrade_button);
        // 为升级按钮设置单击监听事件
```

```
        upgradeButton.setClickedListener(this::upgrade);
        // 获取数据插入按钮组件,并为它设置单击监听事件
        findComponentById(ResourceTable.Id_insert_button).setClickedListener(this::insert);
        // 获取数据更新按钮组件,并为它设置单击监听事件
        findComponentById(ResourceTable.Id_update_button).setClickedListener(this::update);
        // 获取数据删除按钮组件,并为它设置单击监听事件
        findComponentById(ResourceTable.Id_delete_button).setClickedListener(this::delete);
        // 获取数据查询按钮组件,并为它设置单击监听事件
        findComponentById(ResourceTable.Id_query_button).setClickedListener(this::query);
        // 获取数据库备份按钮组件,并为它设置单击监听事件
        findComponentById(ResourceTable.Id_backupDB_button).setClickedListener(this::backup);
        // 获取数据库删除按钮组件,并为它设置单击监听事件
        findComponentById(ResourceTable.Id_deleteDB_button).setClickedListener(this::deleteRdbStore);
        // 获取数据库恢复按钮组件,并为它设置单击监听事件
        findComponentById(ResourceTable.Id_restoreDB_button).setClickedListener(this::restore);
        // 初始化一个数据库辅助类
        helper = new DatabaseHelper(this);
    }
```

11.2.4 插入一条数据

为数据插入按钮设置的单击事件函数如下:

```
    private void insert(Component component) {
        // 新建一个实体类,随机设置其firstName,lastName设置为"san",age设置为29,balance设置为100.51
        User user = new User();
        user.setFirstName(getRandomFirstName());
        user.setLastName("San");
        user.setAge(29);
        user.setBalance(100.51);
```

```
    // 如果存在别名为"OrmTestDB"的数据库，直接打开；否则根据数据库类
BookStore 创建一个别名为"OrmTestDB"，数据库文件名为"OrmTestDB.db"的数据
库并打开
    OrmContext ormContext = helper.getOrmContext("OrmTestDB",
"OrmTestDB.db", BookStore.class);
    // 插入数据，成功提示插入成功，否则提示插入失败
    if (ormContext.insert(user)) {
        logText.setText("insert success");
    } else {
        logText.setText("insert fail");
    }
    // 注册观察者
      ormContext.registerContextObserver(ormContext,
contextOrmObjectObserver);
    // 刷新数据到文件中
    ormContext.flush();
    // 释放资源
    ormContext.close();
}
```

单击 insert 按钮，其效果如图 11-2 所示。

图 11-2　插入数据

11.2.5 更新一条数据

为数据更新按钮设置的单击事件函数如下：

```
private void update(Component component) {
    OrmContext ormContext = helper.getOrmContext("OrmTestDB", "OrmTestDB.db", BookStore.class);
    // 获取 user 的谓词对象
    OrmPredicates predicates = ormContext.where(User.class);
    // 获取 age 为 29 的数据
    predicates.equalTo("age", 29);
    List<User> users = ormContext.query(predicates);
    // 如果没获取到数据，提示没有可以用来更新的数据，然后直接返回
    if (users.size() == 0) {
        new ToastDialog(this).setText("no data not update").show();
        return;
    }
    // 获取第一条数据
    User user = users.get(0);
    // 注册观察者
    ormContext.registerObjectObserver(user, objectOrmObjectObserver);
    // 设置 firstName 为 Li
    user.setFirstName("Li");
    // 更新数据，成功提示更新成功，否则提示更新失败
    if (ormContext.update(user)) {
        logText.setText("update success");
    } else {
        logText.setText("update fail");
    }
    ormContext.flush();
    ormContext.close();
    ormContext.unregisterObjectObserver(user, objectOrmObjectObserver);
}
```

单击 update 按钮，其效果如图 11-3 所示。

图 11-3　更新数据

11.2.6　删除一条数据

为数据删除按钮设置的单击事件函数如下:

```
private void delete(Component component) {
    OrmContext ormContext = helper.getOrmContext("OrmTestDB",
"OrmTestDB.db", BookStore.class);
    // 获取age为29的user数据
    OrmPredicates predicates = ormContext.where(User.class);
    predicates.equalTo("age", 29);
    List<User> users = ormContext.query(predicates);
    // 如果没获取到数据，提示没有可以用来删除的数据，然后直接返回
    if (users.size() == 0) {
        logText.setText("no data not delete");
        return;
    }
    // 获取第一条数据
    User user = users.get(0);
    // 删除数据，成功提示删除成功，否则提示删除失败
    if (ormContext.delete(user)) {
```

```
            logText.setText("delete success");
        } else {
            logText.setText("delete fail");
        }
        ormContext.flush();
        ormContext.close();
    }
```

单击 delete 按钮，其效果如图 11-4 所示。

图 11-4　删除数据

11.2.7　查询数据

为数据查询按钮设置的单击事件函数如下：

```
    private void query(Component component) {
        logText.setText("");
        OrmContext ormContext = helper.getOrmContext("OrmTestDB",
"OrmTestDB.db", BookStore.class);
        // 查询 lastName 为 San 的数据
        OrmPredicates query = ormContext.where(User.class).
equalTo("lastName", "San");
```

```
        List<User> users = ormContext.query(query);
        ormContext.flush();
        ormContext.close();
        // 如果没查询到数据，提示"lastName 为 San: 无"，然后直接返回
        if (users.size() == 0) {
            logText.append("lastName 为 San: 无 ");
            return;
        }
        // 将查询到的数据依次添加到提示的文本中
        for (User user : users) {
            logText.append("lastName 为 San: " + user.getFirstName()
+ user.getLastName() + " ");
        }
    }
```

单击 query 按钮，其效果如图 11-5 所示。

图 11-5　查询数据

11.2.8 备份数据库

为数据库备份按钮设置的单击事件函数如下：

```
private void backup(Component component) {
    OrmContext ormContext = helper.getOrmContext("OrmTestDB", "OrmTestDB.db", BookStore.class);
    //备份数据库，名为"OrmTestDBBackup.db"，如果成功在日志记录备份的路径，提示备份成功，否则提示备份失败
    if (ormContext.backup("OrmTestDBBackup.db")) {
        HiLog.info(LABEL_LOG, "Path: " + getDatabaseDir());
        logText.setText("backup success");
    } else {
        logText.setText("backup fail");
    }
    ormContext.flush();
    ormContext.close();
}
```

单击 backup 按钮，其效果如图 11-6 所示。

图 11-6　备份数据库

11.2.9 删除数据库

为数据库删除按钮设置的单击事件函数如下：

```
private void deleteRdbStore(Component component) {
    // 删除数据库，成功则提示删除成功，否则提示删除失败
    if (helper.deleteRdbStore("OrmTestDB.db")) {
        logText.setText("deleteDB success");
    } else {
        logText.setText("deleteDB fail");
    }
}
```

单击 deleteDB 按钮，其效果如图 11-7 所示。

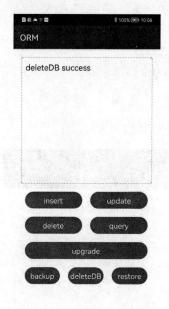

图 11-7 删除数据库

11.2.10 恢复数据库

为数据库恢复按钮设置的单击事件函数如下：

```
private void restore(Component component) {
    OrmContext ormContext = helper.getOrmContext("OrmTestDB", "OrmTestDB.db", BookStore.class);
```

```
    // 获取备份数据库文件，用于判断备份数据库是否存在
    File file = new File(getDatabaseDir() + "/backup/OrmTestDBBackup.db");
    // 如果备份数据库文件不存在，提示不存在，然后直接返回
    if (!file.exists()) {
        logText.setText("restore the database first");
        return;
    }
    // 恢复数据库，成功则提示恢复成功，否则提示恢复失败
    if (ormContext.restore("OrmTestDBBackup.db")) {
        logText.setText("restoreDB success");
    } else {
        logText.setText("restoreDB fail");
    }
    ormContext.flush();
    ormContext.close();
}
```

单击 restore 按钮，其效果如图 11-8 所示。

图 11-8 恢复数据库

11.2.11 升级数据库

为数据库升级按钮设置的单击事件函数如下：

```
private void upgrade(Component component) {
    logText.setText("");
    // 从偏好数据中获取键为"upgrade"的值，如果没获取到则返回"fail"
    String isUpgrade = getPreferences().getString("upgrade", "fail");
    // 如果获取到的值为"success"，则提示已经升级，否则执行testOrmMigration()函数
    if (isUpgrade.equals("success")) {
        logText.setText("upgraded");
    } else {
        testOrmMigration();
    }
}
```

其中 testOrmMigration( ) 函数如下：

```
public void testOrmMigration() {
    // 打开升级数据库BookStoreUpgrade，该类也是一个继承了OrmDatabase的数据库类，与BookStore类的版本号不同
    OrmContext context = helper.getOrmContext("OrmTestDB", "OrmTestDB.db", BookStoreUpgrade.class,
            new TestOrmMigration32(),// 用于数据库升降级的配置类对象
            new TestOrmMigration23(),
            new TestOrmMigration12(),
            new TestOrmMigration21());
    // 新建一个UserUpgrade实体类对象，设置age为41，balance为3.44
    UserUpgrade userUpgrade = new UserUpgrade();
    userUpgrade.setAge(41);
    userUpgrade.setBalance(3.44);
    // 插入该条数据并在日志中记录是否插入成功
    boolean isSuccess = context.insert(userUpgrade);
    HiLog.info(LABEL_LOG, "UserUpgrade insert " + isSuccess);
    // 新建一个bookUpgrade实体类对象，设置id为101，addColumn12为8，name为"OrmTestDBBook"
```

```
        BookUpgrade bookUpgrade = new BookUpgrade();
        bookUpgrade.setId(101);
        bookUpgrade.setAddColumn12(8);
        bookUpgrade.setName("OrmTestDBBook");
        // 插入该条数据并在日志中记录是否插入成功
        isSuccess = context.insert(bookUpgrade);
        HiLog.info(LABEL_LOG, "BookUpgrade insert " + isSuccess);
        // 刷新数据到文件中
        context.flush();
        // 查询 BookUpgrade 表中 name 为 "OrmTestDBBook" 的数据
         OrmPredicates predicates = context.where(BookUpgrade.
class).equalTo("name", "OrmTestDBBook");
        List<BookUpgrade> bookUpgradeList = context.query(predicates);
        // 获取第一条数据的值并在日志中记录
        int id = bookUpgradeList.get(0).getId();
         HiLog.info(LABEL_LOG, "bookUpgradeList.get(0).getId() =" +
id);
        // 关闭资源
        context.close();
        // 提示升级成功
        logText.setText("upgrade success");
        // 插入或更新一条键为 "upgrade"，值为 "success" 的偏好数据
        getPreferences().putString("upgrade", "success");
    }
```

其中数据库类 BookStoreUpgrade 也需继承 OrmDatabase 类，该数据库包含了 UserUpgrade、BookUpgrade 和 AllDataTypeUpgrade 三个表，版本号为 3。其代码如下：

```
  @Database(entities = {UserUpgrade.class, BookUpgrade.class,
AllDataTypeUpgrade.class}, version = 3)
    public abstract class BookStoreUpgrade extends OrmDatabase {
    }
```

由于 BookStore 的版本号是 1，BookStoreUpgrade 版本号是 3，所以从 BookStore 升级到 BookStoreUpgrade 时，TestOrmMigration12 和 TestOrmMigration23 的 onMigrate( ) 函数会依次被回调。其代码分别如下：

```
    private static class TestOrmMigration12 extends OrmMigration {
```

```java
        // 此处用于配置数据库版本迁移的开始版本和结束版本,super(startVersion,
endVersion) 即数据库版本号从 1 升到 2
        public TestOrmMigration12() {
            super(1, 2);
        }


        @Override
        public void onMigrate(RdbStore store) {
            try {
                // 在日志中记录版本更新信息
                HiLog.info(LABEL_LOG, "DataBase Version 1->2 onMigrate called");
                // 执行一条 SQL 语句,往 Book 表添加一列 `addColumn12`
                store.executeSql("ALTER TABLE `Book` ADD COLUMN `addColumn12` INTEGER");
            }
            // 执行 executeSql() 函数可能会有异常,如果有异常将在日志中记录
            catch (RdbException e) {
                HiLog.error(LABEL_LOG, "TestOrmMigration12.onMigrate exception, %{public}s", e.getMessage());
            }
        }
    }
    private static class TestOrmMigration23 extends OrmMigration {
        public TestOrmMigration23() {
            super(2, 3);
        }


        @Override
        public void onMigrate(RdbStore store) {
            // 在日志中记录版本更新信息
            HiLog.info(LABEL_LOG, "DataBase Version 2->3 onMigrate called");
        }
    }
```

单击 upgrade 按钮,其效果如图 11-9 所示。

图 11-9 升级数据库

11.3 小结

本章介绍了鸿蒙关系型数据的存储管理。当数据量较大时，再使用偏好数据就不合适了，这时就需要关系型数据库来处理这些数据。鸿蒙系统内置了 SQLite 数据库，为了操作简便，还提供了一个方便的 ORM 框架，屏蔽了底层的 SQL 操作，以面向对象的方式来操作数据库。通过本章的学习，你应当掌握如何借助 DatabaseHelper 类创建、删除、备份、恢复、升级关系型数据库，如何借助 OrmContext 类和 OrmPredicates 类对关系型数据库进行增、删、查、改等操作。

第 12 章
分布式数据存储管理

一个系统在早期数据量较小时,往往单个数据库服务器就能满足其业务需求。但随着数据规模和业务访问负载越来越大,数据库压力也越来越大,单个数据库已无法支撑其业务了。因此一些分库分表的中间件解决方案出现了,但大量的烦恼与问题也随之而来。这些中间件使用起来通常有配置复杂、运维不便、可靠性和可扩展性不高等缺点。为了应对这些问题,分布式数据库和分布式数据管理系统应运而生。目前,分布式数据管理已经成为一种技术潮流,越来越多的国内外公司和开源软件杀入了这个领域。鸿蒙系统也拥有自己的分布式数据管理平台,它是鸿蒙系统支持"超级终端"的关键技术之一。

12.1 分布式数据存储管理介绍

12.1.1 什么是分布式数据存储

分布式数据存储，即存储设备分布在不同的位置，数据就近存储，带宽上没有太大压力，可采用多套低端的小容量的存储设备分布部署，设备价格和维护成本较低。分布式数据存储将数据分散在多个存储节点，各个节点通过网络相连，然后对这些节点的资源进行统一的管理。这种设计对用户是透明的，系统为用户提供文件系统的访问接口，使之与传统的本地文件系统操作方式类似。在通过了可信认证的设备之间，分布式数据服务支持应用数据相互同步，为用户提供在多种终端设备上最终一致的数据访问体验。

12.1.2 分布式数据存储的核心特征

鸿蒙系统分布式数据管理核心特征如图 12-1 所示。

图 12-1　鸿蒙系统分布式数据管理核心特征

- 便捷。鸿蒙系统提供了专门的数据库创建、数据访问、数据订阅等接口给应用程序调用。这些接口保证了兼容性、易用性和可发布性。跨设备数据库和文件访问接口与本地访问接口是一致的，可以通过这些接口直接访问另一台设备的文件或者数据，就像访问本地文件一样。鸿蒙系统在底层同步了不同设备之间的文件数据，使不同设备中的数据是一致的。
- 高效。鸿蒙系统提供了系统级的数据同步能力，同时保证了数据一致性和高性能，在运行、同步、传输等方面都具备高效性。通过分布式存储管理，操作远程设备的数据像操作本地设备的数据一样高效，网络延迟小，这归因于鸿蒙系统底层良好的极简网络通信协议。
- 安全。鸿蒙系统提供了系统级的数据安全能力来保护用户隐私。通过结合账号、应用和数据库三元组，鸿蒙分布式数据服务对属于不同应用的数据进行隔离，保证不同应用之间的数据不能通过分布式数据服务互相访问。每个应用都有自己的沙盒机制，同一应用程序只能访问属于应用自身的数据，且有完善的权限机制，保证数据的安全性。

12.1.3 分布式数据存储的应用场景

分布式数据存储应用场景丰富，只要是需要在不同设备间进行操作的应用程序都可以使用分布式存储机制。分布式数据存储可以将数据分散到不同的设备上，例如生活场景中大量出现的智能手表、手机、车载系统、电视这些设备都可能共享数据，应用可以直接读取这些数据，方便地在各个设备之间自由切换。分布式数据存储的应用场景之一如图 12-2 所示。

图 12-2　分布式数据存储的应用场景

分布式数据存储主要应用在跨设备的数据库数据同步上，如手机和手表、手机和大屏之间联系人、日历等数据的同步。如图 12-2 所示，在装有鸿蒙系统的手机上增加几条日程信息，数据就会自动同步到与之关联的手表上；同样地，在手表上修改日程信息，也会自动同步到手机上。这种数据同步是不依赖云的，因为数据并没有存储在云端，而是直接在手机和手表之间通过鸿蒙系统定义的协议进行数据传输。

传统的分布式程序，例如微信，A 发送了信息给 B，A 是先将数据发送给服务器，服务器存储数据，然后将数据发送给 B。A、B 和服务器三者都存储了一份数据，数据在各个设备间流转是通过万维网传递给服务器的，然后再分发给各个设备。这一点是传统分布式和鸿蒙 App 分布式最大的区别。鸿蒙 App 分布式是没有服务器的概念的，设备 A 和 B 之间直接通过网络通信，而且这种网络是鸿蒙分布式系统建立的软总线网络，可以直接蓝牙、WiFi、红外等协议之间自由转换，可以传输大数据，也可以传输小数据。

12.2 分布式存储的架构

12.2.1 分布式存储的运行架构

分布式存储的数据是怎么存储在不同设备上的呢？设备访问数据的时候到底是到远程服务器去访问数据，还是在本机访问数据呢？这涉及数据的存储运行架构。分布式存储的运行架构如图 12-3 所示。

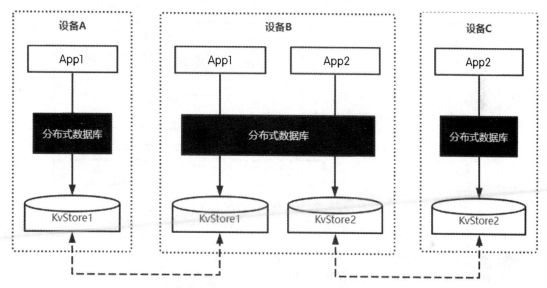

图 12-3 分布式存储的运行架构

图 12-3 中有 3 台设备，分别是设备 A、设备 B 和设备 C。设备 A 上安装了 App1，设备 C 上安装了 App2，设备 B 上也安装了 App1 和 App2。从图 12-3 中可以看出，应用 App1 可以在设备 A 和设备 B 上运行，它们依赖的数据也需要同时存在设备 A 和设备 B 中。大致的步骤如下：

首先，设备 A 上的应用 App1 修改了自己的数据，将数据存储在设备 A 中的 KvStore1 存储系统中。

其次，分布式存储系统检测到设备 A 和设备 B 中有相同的应用 App1，且它们登录了同一个用户账号，系统知道这两个应用属于同一个华为用户，也就是表明设备 A 和设备 B 都是该用户可以访问的设备。这个时候，分布式存储系统会自动将设备 A 中的 KvStore1 同步到设备 B 的 KvStore1 中。

最后，用户打开设备 B 中的应用 App1，会访问是否存在 KvStore1 数据，如果存在直接读取，如果不存在会试图从设备 A 中获取数据。这些过程对于应用开发者都是透明的，应用开发者不需要为数据从设备 A 同步到设备 B 额外编写业务逻辑，对于应用开发者来说，这个过程非常简单。

12.2.2 分布式存储的总架构

鸿蒙分布式存储建立在安全服务、文件系统、软总线的基础上，打造了一个安全、快速、便捷的分布式存储结构。分布式存储的总架构如图 12-4 所示。

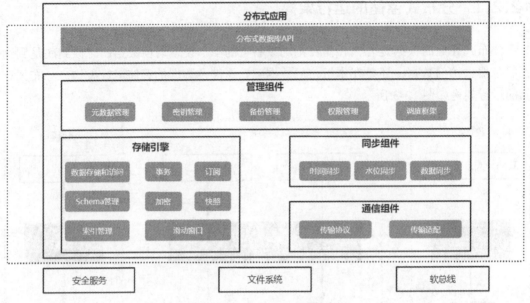

图 12-4 分布式存储的总架构

分布式数据库主要包括 5 个模块：
- 分布式数据库 API。
  - 即分布式数据库提供的对外访问接口。
- 管理组件。管理组件主要包含了元数据管理、密钥管理、备份管理、权限管理、调度框架。
  - 元数据管理：用于构建、管理、维护和使用分布式数据库所必需的元数据。
  - 密钥管理：数据库可以配置为加密，提高了安全性。
  - 备份管理：保证了分布式数据库的可靠性。应用程序可以将数据库设置为可备份，当检测到数据库损坏或密钥丢失等情况时，可以用备份的数据库进行恢复。
  - 权限管理：保证了分布式数据库中的数据不会被恶意访问、篡改。
  - 调度框架：负责分布式数据库任务分配及调度，为各个任务分配合理的资源，充分利用系统资源，提高全系统的资源利用率。
- 存储引擎。
  - 存储引擎主要是支持分布式数据库的数据存储和访问。
  - 支持事务、订阅、加密、快照等数据库高级特性。
  - 对应结构化或者说 Schema 化的分布式数据库，同时提供了 Schema 和索引的管理能力。

- 同步组件。
  - 同步组件实现了分布式数据库的所有同步逻辑，主要包含时间同步、水位同步、数据同步。
  - 水位同步，是指设备之间同步的偏移量，即设备 A 现在同步了设备 B 的哪些数据，同步的水位在哪里。
- 通信组件。
  - 通信组件主要负责通信协议的实现，包括数据包格式的定义、发送端接收端组包与拆包逻辑的实现、网络传输数据和文件数据的转化等。
  - 通信组件也把下层不同的物理传输通道进行了适配，让其上层同步组件感知不到具体是在用什么物理通道进行数据传输。

12.2.3　分布式数据库的数据模型

分布式数据库的数据是以键值对的方式存储的。键值对的方式容易理解，且可以嵌套，数据表达语义化强。我们经常使用的 Json 数据格式就是键值对，在应用开发中使用广泛。分布式数据库的数据模型如图 12-5 所示。

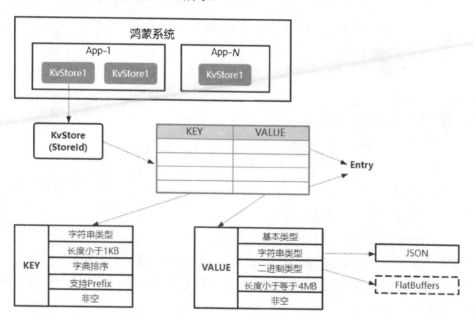

图 12-5　分布式数据库的数据模型

鸿蒙系统分布式数据库是基于 KV 数据模型的，"KV"即"Key-Value"的简称。它是一种 NoSQL 类型数据库，其数据以键值对的形式进行组织、索引和存储，每一条键值对数据又被称为 Entry。

KV 数据模型适合不涉及过多数据关系和业务关系的业务数据存储，它比 SQL 数据库存储拥有更好的读写性能，同时因其在分布式场景中降低了解决数据库版本兼容问题的复杂度，以及数据同步过程中冲突解决的复杂度而被广泛使用。

数据库标识 StoreId 相同的数据库之间才有可能进行数据同步。

KV 数据模型中，Key 为字符串类型，长度小于 1KB，按字典排序，支持前缀搜索，不能为空；Value 可以为基本类型、字符串类型、二进制类型，长度小于等于 4MB，允许为空。

在一些复杂场景下，KV 数据模型可能不能满足其诉求。为了解决这个问题，数据库支持在创建和打开数据库时指定结构信息 Schema，数据库根据 Schema 定义感知的 Value 格式，以实现对 Value 值结构的检查，并基于 Value 中的字段实现索引建立和谓词查询，KV 数据库就升级为了文档数据库。这时 Value 必须为 JSON 格式的字符类型或 FlatBuffers 这种结构化的二进制类型。下面是 Schema 的一个例子：

```
{
  SCHEMA_VERSION: "1.0",
  SCHEMA_MODE: "STRICT/COMPATIBLE",
  SCHEMA_DEFINE: {
    "FieldNode1": "type,nullable,defaultValue",
    "FieldNode2": {
      "FieldNode3": "type,nullable,defaultValue",
      "FieldNode4": "type,nullable,defaultValue"
    },
    "FieldNode5": "type,nullable,defaultValue"
  }
  SCHEMA_INDEXES: {
    FieldNode1,
    FieldNode4
  }
}
```

第一行为版本号 SCHEMA_VERSION。

第二行为模式，可以是 STRICT 严格匹配或 COMPATIBLE 兼容匹配。

SCHEMA_DEFINE 里为字段的定义，包括字段的类型，是否空，是否有默认值等，字段也可以嵌套。

除此之外，还支持为字段创建索引，用 SCHEMA_INDEXES 来指定，包括单个索引和联合索引。

12.2.4　数据库的同步模型

数据库的同步模型如图 12-6 所示。

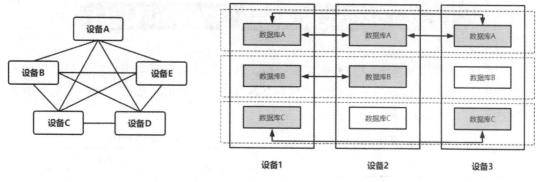

图 12-6　数据库的同步模型

- 与传统的基于云的同步模型不同，鸿蒙系统分布式数据库实现的是无中心的点对点之间的数据同步。如图 12-6 所示，5 个设备组成了一个没有中心的分布式网络，两两设备之间进行数据同步。
- 数据更新时，每个设备节点只发送自身产生的数据，不能发送从其他设备同步过来的数据，除非自己对其做了更新。如图 12-6 所示，若设备 A 将自己产生的数据发送到设备 B，设备 B 并不会把来自设备 A 的数据发送到设备 C、D、E 中去，除非设备 B 修改了来自设备 A 的数据。
- 每个设备节点按照时间顺序将数据同步给远端设备，同时分别记录和每台设备同步到的数据位置（水位），包括自己发送给其他设备的位置和其他设备发送给自己的位置。
- 数据同步模型提供了自动同步和手动同步两种模式：
  - 自动同步：即整个同步过程以及触发同步的动作都不需要应用程序或者开发人员来参与，由分布式数据库自动将本端数据推送到远端，同时也将远端数据拉取到本端来完成数据同步，同步时机包括设备上线、应用程序更新数据等。
  - 手动同步：即同步过程也不需要应用程序来参与，但触发同步的动作由应用程序调用 sync 接口来触发，需要指定同步的设备列表和同步模式。同步模式分为 PULLONLY（将远端数据拉到本端）、PUSHONLY（将本端数据推送到远端）和 PUSH_PULL（将本端数据推送到远端同时也将远端数据拉取到本端）。

数据同步是基于 KvStore 的粒度进行的，在建立可信关系的设备间只有 AppId 和 StoreId 都相同的 KvStore 之间才能同步数据。例如在图 12-6 中，设备 1 中有数据库 A、B、C，设备 2 中有数据库 A、B，那么在设备 1 和设备 2 建立了可信关系后，进行数据同步时，只有设备 1 中的数据库 A 和设备 2 中的数据库 A，设备 1 中的数据库 B 和设备 2 中的数据库 B 同步，由于设备 2 没有使用到数据库 C，所以设备 1 中的数据库 C 就不会将数据发送到设备 2 中去，设备 3 的情况也类似。

12.3 分布式数据库统一数据访问接口

鸿蒙系统提供了一套统一的数据访问接口，可以通过这些接口来访问分布式数据库中的数据，分布式数据库对外接口主要包括 2 部分：轻量级 KV 接口、支持关系型语义的增强接口，如图 12-7 所示。

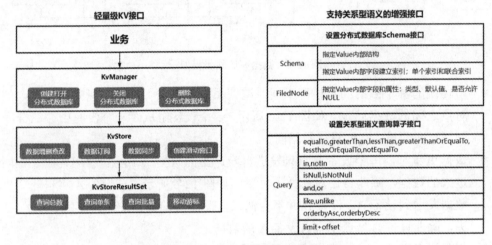

图 12-7　分布式数据库对外接口

12.3.1 轻量级 KV 接口

轻量级 KV 接口，主要用来操作键值对，支持数据的读取操作。

1. KvManager 数据库管理器中的主要函数

首先提供了一个 KvManager 接口，里面提供了一些创建打开、关闭、删除分布式数据库的方法，以及一些相关的配置项。

KvManager 为接口，可以通过以下方法获取其实现类对象：先通过 KvManagerFactory 类的静态方法 getInstance( ) 获取 KvManagerFactory 对象，再调用该对象的 createKvManager (KvManagerConfig config) 方法来获取 KvManager 对象。

KvManager 中可以通过 getKvStore( ) 来获取 KVSTORE。getKvStore( ) 原型如下：

```
KVSTORE getKvStore(Options options, String storeId)
```

方法参数如下：

- Options options：要创建打开的数据库的一些配置选项。如配置选项 isCreateIfMissing，表示如果数据库不存在是否创建；isEncrypt 选项表示是否加密；KvStoreType 表示数据库类型等。
- String storeId：用来标识 KvStore 数据库。同一个应用下的 storeId 不能重复，不同应用下的 storeId 可以重复。

返回值如下：
- 返回 KvStore 的一个实现类对象。

KvManager 中的 getAllKvStoreId( ) 方法，用于获取所有的 StoreId，StoreId 表示每一个键值对数据的唯一 ID，其原型如下：

```
List<String> getAllKvStoreId()
```

该函数的返回值如下：
- 返回所有 KvStore 的 storeId 列表。

KvManager 中的 closeKvStore( ) 方法，用于关闭数据库，其原型如下：

```
void closeKvStore(KvStore kvStore)
```

该函数的参数如下：
- KvStore kvStore：表示需要被关闭的数据库。

closeKvStore( ) 方法不是线程安全的，如果调用此方法来停止正在运行的 KvStore 数据库，线程可能会崩溃。

KvManager 中的 deleteKvStore( ) 方法，用于删除数据库，其原型如下：

```
void deleteKvStore(String storeId)
```

该函数的方法参数如下：
- String storeId：被删除的数据库的 storeId。

在使用此方法之前，请关闭所有使用相同 storeId 标识的 KvStore 实例。可以使用此方法删除未使用的 KvStore 数据库。数据库删除后，其所有数据都将丢失。

KvManager 中 getConnectedDevicesInfo( ) 方法，用于获取连接设备的信息，这些设备具有分布式应用的能力，其原型如下：

```
List<DeviceInfo> getConnectedDevicesInfo(DeviceFilterStrategy strategy)
```

该函数的参数如下：
- DeviceFilterStrategy strategy：设备过滤策略，取值可以为 FILTER 和 NO_FILTER。

返回值如下：
- 返回设备信息的列表，DeviceInfo 里有三个属性：String id、String name 和 String type。

2. KvStore 数据库接口层

KvManager 中的方法可以获得下一层为 KvStore 接口，基于 KvStore 我们可以对数据库进行数据的增删查改、数据订阅、数据同步以及结果集滑动窗口的创建。

KvStore 中有一个 putInt( ) 方法，用来插入一条值为整型的数据，其原型如下：

```
void putInt(String key, int value)
```

方法参数如下：
- String key：要插入的键。
- int value：要插入的值。

类似的方法还有 putBoolean( )、putDouble( )、putFloat( )、putString( )、putByteArray( ) 等方法，分别可以插入布尔值数据、双精度浮点型数据、单精度浮点型数据、字符串数据、字节数组数据。

除了单条数据插入，KvStore 中有一个 putBatch(List) 方法，用来批量插入数据，其原型如下：

```
void putBatch(List<Entry> entries)
```

方法参数如下：
- List<Entry> entries：要批量插入的键值对数据。

要删除数据，可以使用 delete( ) 方法：

```
void delete(String key)
```

方法参数如下：
- String key：要删除数据的键。

一次性删除多条数据，可以批量删除，使用 deleteBatch( ) 函数：

```
void deleteBatch(List<String> keys)
```

方法参数如下：
- List<String> keys：要批量删除的数据的键列表。

subscribe( ) 用来为数据库注册观察者 KvStoreObserver。当分布式数据库中的数据发生改变，KvStoreObserver 中的回调方法会被触发：

```
void subscribe(SubscribeType subscribeType, KvStoreObserver observer)
```

方法参数如下：
- SubscribeType subscribeType：订阅的方式，可以为 SUBSCRIBE_TYPE_REMOTE（订阅远端）、SUBSCRIBE_TYPE_LOCAL（订阅本地）和 SUBSCRIBE_TYPE_ALL（订阅全部）。
- KvStoreObserver observer：观察者对象，里面有个回调方法 onChange( )，数据变化时会执行。

KvStore 有个子接口 SingleKvStore（单版本数据库）。单版本是指数据在本地保存是以单个 Kv 条目为单位的方式保存的，对每个 Key 最多只保存一个条目项，当数据在本地被用户修改时，不管它是否已经被同步出去，均直接在这个条目上进行修改。同步也以此为基础，按照它在本地被写入或更改的顺序将当前最新一次修改逐条同步至远端设备，也就是多次更改数据，仅最后一次更新被传递给其他设备。

SingleKvStore 中常用方法如下：

List<Entry> getEntries(String keyPrefix) 用来获取键匹配指定前缀的键值对数据。

方法参数如下：
- String keyPrefix：键需要匹配的前缀。

返回值如下：
- 返回查询到的 Entry 列表。

KvStoreResultSet getResultSet(String keyPrefix) 用来获取键匹配指定前缀的结果集对象。

方法参数如下：
- String keyPrefix：键需要匹配的前缀。

返回值如下：
- 返回 KvStoreResultSet 查询结果集对象。

int getInt(String key) 用来获取一条 int 类型的值。

方法参数如下：
- String key：要查询数据的键。

返回值如下：
- 返回指定键对应的值，如果没找到会抛出异常。

类似的方法还有 getBoolean( )、getDouble( )、getFloat( )、getString( )、getByteArray( )。

3. KvStoreResultSet 查询结果集

最终查询出的数据，用 KvStoreResultSet 来表示，表示结果集对象，可以获取满足指定条件的数据总数，以及移动游标的方式来循环查询每一条数据。

KvStoreResultSet 中常用方法如下：
- boolean isEnded( ) 用来判断当前位置是否在最后一行之后，如果是返回 true，否则返回 false。
- int getRowCount( ) 用来获取总行数。
- int getRowIndex( ) 用来获取当前位置的行数。
- boolean goToNextRow( ) 用来将当前位置往后移 1 行，成功返回 true，否则返回 false。
- boolean skipRow(int offset) 用来将当前位置往后移 offset 行，成功返回 true，否则返回 false。
- Entry getEntry( ) 用来获取当前位置的数据。
- void sync(List<String> deviceIdList, SyncMode mode) 用来同步数据库。

12.3.2　支持关系型语义的增强接口

KV 存储结构中的 Value 可以存储简单数据类型，如整型、字符串等，但是如果 Value 要存储一个对象，就需要使用增强接口。首先，在创建和打开数据库时需指定 Schema，具体内容在 12.2.3 节已经讲过。在创建完 Schema 或者说结构化的分布式数据库后，再做查询时就可以使用 Query 这个查询算子来实现关系型语义的查询，查询算子支持设置：

大小比较：equalTo（等于）、greaterThan（大于）、lessThan（小于）、greaterThanOrEqualTo（大于或等于）、lessthanOrEqualTo（小于或等于）、notEqualTo（不等于）。

范围比较：in（在范围内）、notIn（不在范围内）。

是否为空：isNull（为空）、isNotNull（不为空）。

多条件组合：and（与）、or（或）。

模糊匹配：like（匹配）、unlike（不匹配）。

排序：orderbyAsc（升序排序）、orderbyDesc（降序排序）。

分页查询：limit+offset（一页的容量＋偏移量）。

12.4 分布式数据访问案例

本节主要以一个分布式数据访问实例来讲解前面几节介绍的概念。这个程序是一个人员信息管理程序，主要存储人员姓名、电话等。

12.4.1 申请权限

首先需要在 src/main/config.json 文件中申请 ohos.permission.DISTRIBUTED_DATASYNC 权限，即分布式数据同步的权限，有了权限，才能进行分布式存储。如果不申请权限，程序在运行时会出错。示例代码如下：

```
"module": {
  ...
  "reqPermissions": [
      {
          "reason": "多设备协同",
          "name": "ohos.permission.DISTRIBUTED_DATASYNC",
          "usedScene": {
              "ability": ["com.huawei.cookbooks.MainAbility"],
              "when": "always"
          }
      }
  ]
}
```

应用启动时，需要在 MainAbility 中添加申请用户授权的代码，请求用户进行授权：

```java
    private static final int PERMISSION_CODE=20201203;

    @Override
    public void onStart(Intent intent){
        super.onStart(intent);
        super.setMainRoute(ContactSlice.class.getName());
        requestPermission();
    }

    // 申请权限
    private void requestPermission(){
        String permission=ohos.security.SystemPermission.DISTRIBUTED_DATASYNC;
        // 如果没有数据同步的权限,则尝试申请
        if(verifySelfPermission(permission)!=IBundleManager.PERMISSION_GRANTED){
            // 如果可以申请权限,则申请权限
            if(canRequestPermission(permission)){
                requestPermissionsFromUser(new String[]{permission},PERMISSION_CODE);
            }
        }
    }
```

申请用户授权的效果如图 12-8 所示。

图 12-8　申请用户授权效果图

12.4.2 数据库的创建

本程序需要使用到分布式数据库来存储人员信息。要创建分布式数据库，首先要做的就是创建分布式数据库管理器对象KvManager，该对象用于管理数据库的配置，生成数据库存储实例，方法如下：

```java
private KvManager createManager(){
    KvManager manager=null;
    try{
        // 获取数据库管理器配置类对象 KvManagerConfig
        KvManagerConfig config=new KvManagerConfig(this);
        // 通过 KvManagerFactory 工厂类来获取管理器对象 KvManager
        manager=KvManagerFactory.getInstance().createKvManager(config);
    }catch(KvStoreException exception){
        HiLog.info(LABEL_LOG,LOG_FORMAT,TAG,"some exception happen");
    }
    return manager;
}
```

创建成功后，借助KvManager创建并打开SINGLE_VERSION单版本分布式数据库，方法如下：

```java
private SingleKvStore createDb(KvManager manager){
    SingleKvStore kvStore=null;
    try{
        Options options=new Options();
        // 数据库的一些配置，如数据库不存在是否创建、是否加密、数据库类型
        options.setCreateIfMissing(true).setEncrypt(false).setKvStoreType(KvStoreType.SINGLE_VERSION);
        // 通过 KvManager 获取指定的数据库对象 kvStore
        kvStore=manager.getKvStore(options,STORE_ID);
    }catch(KvStoreException exception){
        HiLog.info(LABEL_LOG,LOG_FORMAT,TAG,"some exception happen");
    }
    return kvStore;
}
```

最后是订阅分布式数据库中数据变化，首先需要实现 KvStoreObserver 接口，接口中的 onChange( ) 函数表示当数据变化后，会回调这个函数，可以在这个函数中做一些同步操作。具体示例如下：

```java
private class KvStoreObserverClient implements KvStoreObserver {
    @Override
    public void onChange(ChangeNotification notification) {
        getUITaskDispatcher().asyncDispatch(() -> {
            HiLog.info(LABEL_LOG, LOG_FORMAT, TAG, "come to auto sync");
            queryContact();
            ToastUtils.showTips(getContext(), "同步成功", NORMAL_TIP_FLAG);
        });
    }
}
```

其中 queryContact( ) 方法表示监听到数据库变化后，重新查询联系人信息，并将信息存到内存中，具体内容见 12.4.4 节。

然后构造并注册 KvStoreObserver 实例，方法如下：

```java
private void subscribeDb(SingleKvStore kvStore){
    KvStoreObserver kvStoreObserverClient=new KvStoreObserverClient();
    kvStore.subscribe(SubscribeType.SUBSCRIBE_TYPE_REMOTE,kvStoreObserverClient);
}
```

分布式数据库支持订阅远端和本地的数据变化，示例代码中订阅的方式为 SUBSCRIBE_TYPE_REMOTE（订阅远端），订阅本地的参数为 SUBSCRIBE_TYPE_LOCAL。订阅远端数据变化表示远端数据变化后，会通知应用数据发生变化是否需要重新加载。订阅本地数据库变化表示本地的数据由于远端更改后，系统自动会从远端同步到本地设备。本地设备收到数据后，会调用相应的函数通知本地数据已经更改。数据订阅同时还支持订阅全部，参数为 SUBSCRIBE_TYPE_ALL，也就是无论远端还是本地变化都通知程序做相应的处理。

12.4.3　数据库的关闭和删除

如果组网设备间不再需要同步数据并且本地也不再访问，就可以调用 closeKvStore( ) 方法执行关闭数据库的操作。

对于分布式数据库的删除操作，可以直接调用 deleteKvStore( ) 方法，但是需要传递事先定义好的 STORE_ID 参数。示例代码如下：

```
@Override
protected void onStop(){
        super.onStop();
        // 关闭数据库
        kvManager.closeKvStore(singleKvStore);
        // 删除数据库
        kvManager.deleteKvStore(STORE_ID);
}
```

删除之后不可恢复，请谨慎删除。大多数应用程序是不需要删除整个数据库的，只需要定期清除掉没有存储价值的数据即可。

12.4.4　数据的增删查改

数据的增删查改是应用程序业务逻辑的核心。任何的业务逻辑操作最终都反映在数据的变化上，也就是数据的增删查改上。本节对分布式数据库的增删查改做一些介绍。

1. 数据插入

在 src/main/resources/base/layout 下创建 ability_contact.xml：该布局定义了"同步"和"添加"两个按钮，"姓名""手机号码""信息管理"三个文本标签，以及展示信息列表的列表容器，具体代码如下：

```
<?xml version="1.0" encoding="utf-8"?>
<DirectionalLayout
        xmlns:ohos="http://schemas.huawei.com/res/ohos"
        ohos:height="match_parent"
        ohos:width="match_parent"
        ohos:orientation="vertical">

  <DependentLayout
          ohos:width="match_parent"
          ohos:height="60vp"
  >
    <Text
            ohos:height="match_content"
            ohos:width="match_content"
            ohos:text=" 信息管理 "
```

```xml
            ohos:text_color="#222222"
            ohos:text_size="22fp"
            ohos:center_in_parent="true"
    />

    <Button
            ohos:id="$+id:addContact"
            ohos:height="match_content"
            ohos:width="match_content"
            ohos:text=" 添加 "
            ohos:text_color="#a0a0a0"
            ohos:text_size="18fp"
            ohos:align_parent_right="true"
            ohos:vertical_center="true"
            ohos:right_margin="16vp"
    />

    <Button
            ohos:id="$+id:sync"
            ohos:height="match_content"
            ohos:width="match_content"
            ohos:text=" 同步 "
            ohos:text_color="#a0a0a0"
            ohos:text_size="18fp"
            ohos:align_parent_left="true"
            ohos:vertical_center="true"
            ohos:left_margin="16vp"
    />
</DependentLayout>
<Component
        ohos:height="1vp"
        ohos:width="match_parent"
        ohos:background_element="#eeeeee"
/>
<DirectionalLayout
        ohos:width="match_parent"
        ohos:height="40vp"
```

```xml
            ohos:orientation="horizontal"
    >
        <Text
            ohos:width="match_parent"
            ohos:height="match_content"
            ohos:id=" 姓名 "
            ohos:text="$string:name"
            ohos:text_color="#222222"
            ohos:text_size="16fp"
            ohos:weight="10"
            ohos:text_alignment="center"
            ohos:layout_alignment="center"
        />

        <Text
            ohos:width="match_parent"
            ohos:height="match_content"
            ohos:id=" 手机号码 "
            ohos:text="$string:phone"
            ohos:text_color="#555555"
            ohos:text_size="16fp"
            ohos:weight="10"
            ohos:text_alignment="center"
            ohos:layout_alignment="center"
        />
        <Text
            ohos:width="match_parent"
            ohos:height="40vp"
            ohos:weight="7"
            ohos:left_margin="20vp"
        >
        </Text>
</DirectionalLayout>
<ListContainer
        ohos:id="$+id:listContainer"
        ohos:width="match_parent"
        ohos:height="match_parent"
```

```
        ohos:orientation="vertical"
    />
</DirectionalLayout>
```

在 src/main/resources/base/layout 下创建 item_dialog.xml，该布局为单击"添加"按钮后出现的 Dialog 对话框，主要由"姓名"和"手机号码"文本框，以及"确认"按钮构成，具体示例代码如下：

```
<?xml version="1.0" encoding="utf-8"?>
<DirectionalLayout
        xmlns:ohos="http://schemas.huawei.com/res/ohos"
        ohos:width="match_parent"
        ohos:height="match_content"
        ohos:orientation="vertical"
>

    <Text
            ohos:id="$+id:title"
            ohos:width="match_content"
            ohos:height="match_content"
            ohos:text=" 添加信息 "
            ohos:text_color="#111111"
            ohos:text_size="18fp"
            ohos:layout_alignment="center"
            ohos:top_margin="30vp"
            ohos:bottom_margin="30vp"
    />
    <DirectionalLayout
            ohos:width="match_parent"
            ohos:height="40vp"
            ohos:orientation="horizontal"
            ohos:left_margin="19vp"
            ohos:right_margin="19vp"
    >

        <Text
                ohos:width="match_parent"
                ohos:height="match_content"
```

```xml
            ohos:text=" 姓名 :"
            ohos:text_color="#222222"
            ohos:text_size="16fp"
            ohos:weight="1"
            ohos:layout_alignment="vertical_center|left"
    />

    <TextField
            ohos:width="match_parent"
            ohos:height="match_parent"
            ohos:id=" 请输入姓名 "
            ohos:text_color="#555555"
            ohos:text_size="16fp"
            ohos:weight="3"
            ohos:hint="$string:input_name"
            ohos:background_element="$graphic:background_input"
            ohos:text_alignment="vertical_center|left"
            ohos:left_padding="10vp"
            ohos:layout_alignment="center"
    />
</DirectionalLayout>

<DirectionalLayout
        ohos:width="match_parent"
        ohos:height="40vp"
        ohos:orientation="horizontal"
        ohos:left_margin="19vp"
        ohos:right_margin="19vp"
        ohos:top_margin="16vp"
>

    <Text
            ohos:width="match_parent"
            ohos:height="match_content"
            ohos:text=" 手机号码 :"
            ohos:text_color="#222222"
            ohos:text_size="16fp"
```

```xml
            ohos:weight="1"
            ohos:layout_alignment="vertical_center|left"
    />

    <TextField
            ohos:width="match_parent"
            ohos:height="match_parent"
            ohos:id="$+id:phone"
            ohos:text_color="#555555"
            ohos:text_size="16fp"
            ohos:weight="3"
            ohos:hint=" 请输入手机号 "
            ohos:background_element="$graphic:background_input"
            ohos:text_alignment="vertical_center|left"
            ohos:left_padding="10vp"
            ohos:layout_alignment="center"
            ohos:text_input_type="pattern_number"
    />
</DirectionalLayout>

<Button
        ohos:id=" 确认 "
        ohos:width="match_parent"
        ohos:height="match_content"
        ohos:text="$string:confirm"
        ohos:text_color="#ffffff"
        ohos:text_size="16fp"
        ohos:layout_alignment="center"
        ohos:left_margin="30vp"
        ohos:right_margin="30vp"
        ohos:top_margin="40vp"
        ohos:bottom_margin="40vp"
        ohos:bottom_padding="10vp"
        ohos:top_padding="10vp"
        ohos:background_element="$graphic:background_button"
/>
</DirectionalLayout>
```

在 src/main/resources/base/layout/ability_contact.xml 文件信息管理主页面中设置"添加"按钮的业务逻辑代码如下。"添加"按钮用于添加用户信息,包括姓名、手机号等:

```
private void addContact(){
        showDialog(null,null,(name,phone)->{
            // 调用该方法将 phone-name 键值对写入数据库
            writeData(phone,name);
           // 将该条数据也存到 List<Contactor> contactArrays 数组中
           //Contactor 为联系人实体类,里面有 name 和 phone 两个属性、getter/setter 方法和全参的构造方法
            contactArrays.add(new Contactor(name,phone));
             contactAdapter.notifyDataSetItemInserted(contactAdapter.getCount());
            queryContact();
        });
    }
```

其中,showDialog( )方法里面包含展示信息弹窗页面,以及对所添加的数据做数据准确性校验的代码。queryContact( )是进行数据查询的方法,在后文中会展示。

代码中的 writeData( )是将添加的数据插入到分布式数据库,在将数据写入分布式数据库之前,需要先构造分布式数据库的 Key(键)和 Value(值),通过 putString( )方法将数据写入数据库中,具体示例如下:

```
private void writeData(String key,String value){
        if(key==null||key.isEmpty()||value==null||value.isEmpty()){
           return;
        }
        // 往数据库中插入一条数据
        singleKvStore.putString(key,value);
         HiLog.info(LABEL_LOG,LOG_FORMAT,TAG,"writeContact key= "+key+" writeContact value= "+value);
    }
```

单击 ability_contact.xml 信息管理主页面中的"添加"按钮,弹出添加信息的弹窗页面,其布局为 itemdialog.xml 文件,效果如图 12-9 所示。

图 12-9　添加信息界面效果图

2. 数据查询

在添加数据后，会调用 queryContact( ) 方法进行数据查询，来展示信息列表中的所有数据。由于订阅了分布式数据变化，因此在同一组网内的设备，都会同步数据。效果如图 12-10 和图 12-11 所示。

A 手机　　　　　　　　　　B 手机

　图 12-10　添加数据　　　　　　　图 12-11　同步数据

分布式数据库中的数据查询是根据 Key(键) 来进行的，如果指定 Key(键)，则会查询出对应 Key(键) 的数据；如果不指定 Key，即为空，则查询出所有数据。这里是调用 getEntries( ) 方法进行数据查询，获取所有的实体数据，查询示例代码如下：

```
private void queryContact(){
        List<Entry> entryList=singleKvStore.getEntries("");
            HiLog.info(LABEL_LOG,LOG_FORMAT,TAG,"entryList size"+entryList.size());
        // 清空 contactArrays 列表
        contactArrays.clear();
        try{
            for(Entry entry:entryList){
            // 将数据库中的数据存到 contactArrays 中去，键为 name，值为 phone
                contactArrays.add(new Contactor(entry.getValue().getString(),entry.getKey()));
            }
        }catch(KvStoreException exception){
            HiLog.info(LABEL_LOG,LOG_FORMAT,TAG,"the value must be String");
        }
        //contactAdapter 为联系人适配器，里面是一些与布局页面交换的逻辑，具体内容可参考相关章节
        contactAdapter.notifyDataChanged();
    }
```

3. 数据更新

在 src/main/resources/base/layout 下创建 item_contact.xml，这个布局定义了展示"姓名""手机号码"两个文本标签，以及"编辑"和"删除"两个按钮，用于录入数据，具体代码如下：

```xml
<?xml version="1.0" encoding="utf-8"?>
<DirectionalLayout
    xmlns:ohos="http://schemas.huawei.com/res/ohos"
    ohos:width="match_parent"
    ohos:height="41vp"
    ohos:orientation="vertical"
    >
```

```xml
<DirectionalLayout
        ohos:id="$+id:dir_id"
        ohos:width="match_parent"
        ohos:height="40vp"
        ohos:orientation="horizontal"
    >
<!-- 姓名输入框 -->
    <Text
            ohos:width="match_parent"
            ohos:height="match_content"
            ohos:id="$+id:name"
            ohos:text_color="#222222"
            ohos:text_size="16fp"
            ohos:weight="10"
            ohos:text_alignment="center"
            ohos:layout_alignment="center"
            ohos:truncation_mode="ellipsis_at_middle"
    />
    <!-- 电话输入框 --->
    <Text
            ohos:width="match_parent"
            ohos:height="match_content"
            ohos:id="$+id:phone"
            ohos:text_color="#555555"
            ohos:text_size="16fp"
            ohos:weight="10"
            ohos:text_alignment="center"
            ohos:layout_alignment="center"
            ohos:truncation_mode="ellipsis_at_middle"
    />
    <DirectionalLayout
            ohos:width="match_parent"
            ohos:height="40vp"
            ohos:orientation="horizontal"
            ohos:left_margin="20vp"
            ohos:weight="7"
    >
```

```xml
<!-- 编辑按钮 -->
    <Button
            ohos:id="$+id:edit"
            ohos:width="match_content"
            ohos:height="match_content"
            ohos:text=" 编辑 "
            ohos:text_color="#00dddd"
            ohos:text_size="16fp"
            ohos:padding="4vp"
            ohos:layout_alignment="center"
    />

    <Button
            ohos:id="$+id:delete"
            ohos:width="match_content"
            ohos:height="match_content"
            ohos:text=" 删除 "
            ohos:text_color="#cc0000"
            ohos:text_size="16fp"
            ohos:padding="4vp"
            ohos:layout_alignment="center"
    />
  </DirectionalLayout>
</DirectionalLayout>

<Text
        ohos:width="match_parent"
        ohos:height="1vp"
        ohos:background_element="#aaeeeeee"
        ohos:left_margin="20vp"
        ohos:right_margin="20vp"
/>
</DirectionalLayout>
```

单击列表中其中一条数据的"编辑"按钮，会弹出编辑框，可以在编辑框中编辑数据，业务逻辑代码如下：

```
@Override
```

```
    public void edit(int position){
        Contactor contactor=contactArrays.get(position);
        showDialog(contactor.getName(),contactor.getPhone(),
(name,phone)->{
            //调用该方法将phone-name键值对写入数据库
            writeData(phone,name);
            //将该条数据更新到contactArrays中，第一个参数是数字的位置，
第二个参数是要更新的数据
            contactArrays.set(position,new Contactor(name,phone));
            contactAdapter.notifyDataSetItemChanged(position);
            queryContact();
        });
    }
```

在信息管理主页面 src/main/resources/base/layout/ability_contact.xml 中，单击列表中一条数据的"编辑"按钮，会弹出修改信息弹窗页面，效果如图 12-12 所示。

图 12-12　编辑界面效果图

4．数据删除

当数据有误或不需要时，可以删除数据，其他组网的设备会收到删除通知，同时在其他设备中删除；如果其他设备没有在网络中，那么当组网成功后，会更新数据。删除数据的示例代码如下：

```java
    @Override
    public void delete(int position){
        CommonDialog commonDialog=new CommonDialog(this);
        commonDialog.setSize(DIALOG_SIZE_WIDTH,DIALOG_SIZE_HEIGHT);
        commonDialog.setAutoClosable(true);
        commonDialog.setTitleText("    警告 ")
            .setContentText("    确定要删除吗？ ")
            .setButton(0," 取消 ",(iDialog,id)->iDialog.destroy())
            .setButton(1," 确认 ",(iDialog,id)->{
                if(position>contactArrays.size()-1){
                    ToastUtils.showTips(getContext()," 要删除的元素不存在 ",NORMAL_TIP_FLAG);
                    return;
                }
                // 调用该方法删除该条数据
                deleteData(contactArrays.get(position).getPhone());
                //contactArrays 列表中删除对应数据
                contactArrays.remove(position);
                contactAdapter.notifyDataChanged();
                ToastUtils.showTips(getContext()," 删除成功 ",NORMAL_TIP_FLAG);
                iDialog.destroy();
            }).show();
    }
```

上述的 deleteData( ) 方法，用于删除分布式数据库中的数据，参数为需要删除的数据的 key：

```java
    private void deleteData(String key){
        if(key.isEmpty()){
            return;
        }
        // 删除指定的数据
        singleKvStore.delete(key);
        HiLog.info(LABEL_LOG,LOG_FORMAT,TAG,"deleteContact key="+key);
    }
```

在信息管理主页面 src/main/resources/base/layout/ability_contact.xml 中单击列表中一条数据的"删除"按钮，会弹出删除信息的确认弹窗，单击"确认"后，数据即可删除，效果如图 12-13 所示。

图 12-13　删除界面效果图

12.4.5　数据同步

在信息管理主页面 src/main/resources/base/layout/ability_contact.xml 中单击"同步"按钮，在手动模式下，触发数据库同步。在进行数据同步之前，首先需要获取当前组网环境中的设备列表，然后指定同步方式（PULLONLY, PUSHONLY, PUSH_PULL）进行同步，以 PUSH_PULL 方式为例，示例代码如下：

```
private void syncContact(){
    // 获取本地设备信息列表，不过滤特定设备
    List<DeviceInfo> deviceInfoList=kvManager.getConnectedDevicesInfo(DeviceFilterStrategy.NO_FILTER);
    List<String> deviceIdList=new ArrayList<>(0);
    // 将设备 id 添加到 deviceIdList
    for(DeviceInfo deviceInfo:deviceInfoList){
        deviceIdList.add(deviceInfo.getId());
    }
    HiLog.info(LABEL_LOG,LOG_FORMAT,TAG,"device size="+deviceIdList.size());
```

```java
            // 如果设备列表长度为 0 则表示组网失败，直接返回
            if(deviceIdList.size()==0){
                ToastUtils.showTips(getContext(),"组网失败 ",ERROR_TIP_FLAG);
                return;
            }
            // 否则表示组网成功，调用 queryContact() 方法
            singleKvStore.registerSyncCallback(map->{
                getUITaskDispatcher().asyncDispatch(()->{
                    HiLog.info(LABEL_LOG,LOG_FORMAT,TAG,"sync success");
                    queryContact();
                    ToastUtils.showTips(getContext(),"同步成功 ",NORMAL_TIP_FLAG);
                });
                singleKvStore.unRegisterSyncCallback();
            });
            // 同步数据库，方式为 PUSH_PULL（将本端数据推送到远端同时也将远端数据拉取到本端）
            singleKvStore.sync(deviceIdList,SyncMode.PUSH_PULL);
        }
```

12.5 小结

本章主要介绍了鸿蒙的分布式数据存储管理，从概念、核心特征及应用场景讲起，主要了解鸿蒙分布式数据存储的优势及其特征。之后是分布式存储的架构，包括运行架构、总架构、数据模型以及数据库的同步模型。接着讲解了分布式数据库统一数据访问的接口，开发者可以通过轻量级 KV 接口、支持关系型语义的增强接口来访问分布式数据库中的数据。最后通过一个案例演示了分布式数据访问的详细实现过程。通过本章的学习，你应当掌握如何借助 KvManager 创建分布式数据库，并对其进行关闭、删除，以及对数据进行增删改查和数据同步的操作。

第 13 章
分布式应用开发

　　分布式应用程序是鸿蒙系统的精髓，是万物互联、物物协同的关键。鸿蒙的分布式应用开发是一种共享式的分布式开发，各个设备之间的资源是共享的，如设备 A 的摄像头能被设备 B 使用等。传统的分布式应用开发是独享式的，开发一台设备只能使用该设备上的软硬件资源，而共享式的分布式应用开发即一台设备可以使用另一台设备的功能，好像所有设备的功能都是共享的。鸿蒙分布式应用为开发者提供了无穷的想象力，开发者可以自由地创建自己的应用，并且可以自由地使用鸿蒙分布式应用开发框架提供的核心功能，调用连接在软总线上的设备，如冰箱、空调、洗衣机、电灯、电视等等。这些设备之间的功能可以快速相互调用，形成一个逻辑上的整体。在这个整体中，各个设备的软硬件能力是相同的，通过这个特性，做到真正的物物相连。

13.1 鸿蒙分布式应用的使用场景

鸿蒙分布式应用有很多应用场景,例如:
- 场景一:车载系统与手机的蓝牙连接。传统的蓝牙连接步骤烦琐、故障频发,有时还要输入连接码,即使曾经连接成功过,下次也有可能又不能自动连接了;而且连接时蓝牙是独占的,若要连接另一台手机,还需要关掉之前手机的蓝牙。而鸿蒙的蓝牙连接是基于某种信任关系的无感连接,并且中心设备的连接是可以由多个手机共享的。
- 场景二:K歌系统。以往的K歌发烧友要么使用单个手机K歌,要么需要购买许多专业麦克风、播放器设备,才能多人K歌。而鸿蒙分布式应用开发下的K歌系统,手机化身为专业麦克风,电视做MTV播放器,手机使用App点歌、切歌、调音,多人合唱,只需扫扫二维码就能加入进来。程序天然是分布式的,可以使用多个设备的硬件资源来为一个程序服务。

13.2 鸿蒙分布式系统架构

实现分布式应用开发,会涉及分布式软总线、分布式数据管理、分布式任务调度等核心功能。鸿蒙分布式应用总体框架如图13-1所示。

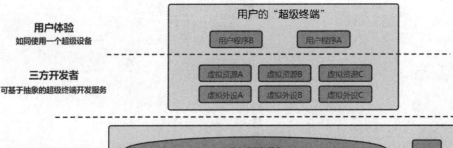
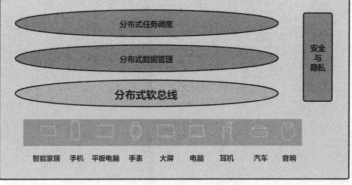

图13-1 鸿蒙分布式应用总体框架

图 13-1 中最主要的是鸿蒙软总线，鸿蒙软总线能感知注册在总线中的所有设备，并能够调用设备的功能，从而实现一些分布式应用。下面对图 13-1 的各个部分进行一个大概的介绍：

- "超级终端"：即一台或多台智能设备，里面包含所有设备的应用程序、功能、虚拟资源、外设这些可视为共享的资源。所谓超级终端，就是一个设备具有很多能力，这些能力可能是设备自身的，也可能是其他设备共享过来的能力。
- 分布式任务调度：执行多台设备的所有进程之间的调度，就是把程序 A 调度到另一台设备中运行。
- 分布式数据管理：所有设备的数据统一管理，数据可以在多台设备间共享。
- 分布式软总线：用于所有设备之间的通信，设备注册到软总线上，可以互相调用各自的资源。
- 安全与隐私：用于设备之间的鉴权、数据权限管理。

13.3 分布式软总线

分布式总线并不是鸿蒙提出的新概念。本节我们从计算机的硬件总线开始讲起，来学习什么是分布式软总线。

13.3.1 计算机硬件总线

这里所说的计算机硬件总线为系统总线。系统总线又分为三类：数据总线、地址总线和控制总线，如图 13-2 所示。

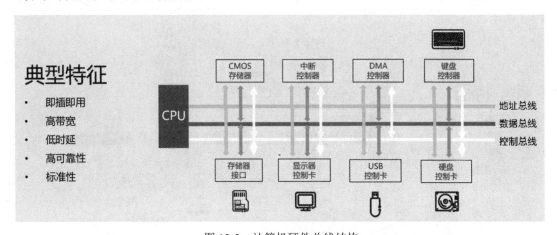

图 13-2 计算机硬件总线结构

- 数据总线：数据总线可以把 CPU 的数据传送到存储器或 I/O 设备，也可以将其他设备的数据传送到 CPU。所以它是双向传输总线，其位数与机器字长、存储字长有关，一般为 8 位、16 位、32 位或 64 位。数据总线的位数称为数据总线宽度,它是衡量系统性能的一个重要参数。
- 地址总线:地址总线传送的是 CPU 向存储器、I/O 接口设备发出的地址信息。寻址能力是 CPU 特有的功能,地址总线上传送的地址信息仅由 CPU 发出。因此,地址总线上的信息是单向传输的,其位数与存储单元的个数有关。例如,8 位计算机的地址总线为 16 位,则其最大可寻址空间为 2^{16},也就是 64KB。
- 控制总线:数据总线、地址总线都是被挂在总线上的所有部件共享的,那么如何使各部件能在不同时刻占有总线使用权,就需依靠控制总线来完成了。因此控制总线是用来发出各种控制信号的传输线。控制总线中,有的是微处理器送往存储器和 I/O 接口电路的,如读/写信号、片选信号等;也有的是其他部件反馈给 CPU 的,如中断申请信号、复位信号、总线请求信号等。因此,控制总线的传送方向由具体控制信号而定,一般是双向的,其位数要根据系统的实际控制需要而定。

三者的关系是:控制总线、地址总线、数据总线分别为控制信息的收发信号、表达信息的地址、传输信息的内容。

13.3.2 鸿蒙分布式软总线

分布式软总线的设计思路来源于计算机硬件总线结构。基于华为多年的通信技术积累,参考计算机硬件总线,在多种设备间搭建了一条"无形"的总线,即软总线。软总线具备自发现、自组网、高带宽、低时延的特点。分布式软总线是鸿蒙系统的重要组成部分,是手机、平板电脑、智能穿戴、智慧屏、车机等分布式设备的通信基座,为设备之间的互联互通提供了统一的分布式通信能力,为设备之间的无感发现和零等待传输创造了条件。开发者只需聚焦于业务逻辑的实现,无须关注组网方式与底层协议。具体结构特点如图 13-3 所示。

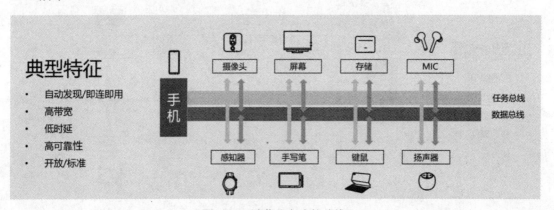

图 13-3 鸿蒙分布式软总线

鸿蒙分布式软总线分为任务总线和数据总线。
- 任务总线传输控制命令,如应用的调度命令,应用的打开、关闭命令。
- 数据总线传输应用之间需要交互的数据,如视频流数据、图片数据、文字数据。

软总线具有五大典型特征：

- 自动发现 / 即连即用。例如，手机蓝牙连接耳机，以前是打开蓝牙，搜索附近蓝牙耳机，然后单击连接，现在只需要打开蓝牙就会显示附近的蓝牙耳机，不需要再去搜索设备。仿佛设备之间互相认识，建立了一种联系似的。
- 高带宽：鸿蒙系统对传输协议进行了优化，简化了七层网络模型，提出了四层极简协议，有效地提高了网络的载荷，带宽提升 20% 以上。
- 低时延：鸿蒙系统优化了网络传输协议，对重发、丢包操作进行了优化，保证了更低的时延。
- 高可靠性：鸿蒙系统实现了更快的重发机制，保证了数据传输的可靠性。
- 开放 / 标准：分布式软总线对开发者全面开放，具有网络组网、发现、传输的全套 API 接口，支持网络的自发现、自组网、高带宽、高组网、低时延等功能，对上层应用开放了足够的 API 接口，降低了开发者开发分布式应用的成本。

整个分布式软总线的架构比较复杂，如图 13-4 所示。

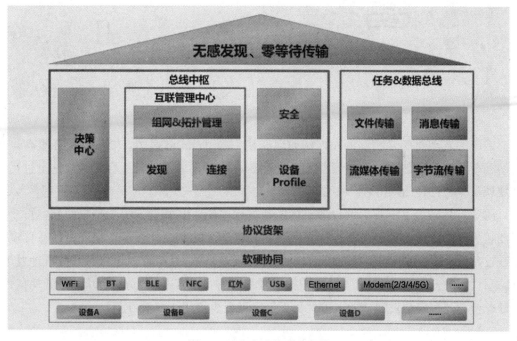

图 13-4 分布式软总线架构

这个架构图以一座房子的形式绘制，表示底层支撑上层的模块，上层模块最终实现软总线无感发现、零等待传输的目标。这个架构图的各部分解释如下：

- 最底层是各种实体设备，如手机、平板电脑、智慧电视、窗帘、手表等。
- 向上是连接各种设备的协议。在实际场景中，不可能每个设备都通过 WiFi 连接，所以可以通过一些低成本、低功耗的连接协议连接，如蓝牙、NFC 等。
- 软硬协同是将软件和硬件协同起来，将软件和硬件做进一步抽象，给上层使用。
- 协议货架是华为私有定制的一些协议，统一协议，使设备间通信更高效。

- 总线中枢包含决策中心、互联管理中心、安全、设备 Profile。主要是用来对设备、网络的管理，如发现连接、设备之间的鉴权、设备的一些信息等。
- 任务 & 数据总线是用来控制并传输一些信息的。

13.3.3 分布式软总线之发现连接

软总线的三个重要操作是软总线之发现连接、软总线之组网、软总线之传输。首先一个设备要注册到软总线上，需要通过软总线发现自己。设备自动注册到软总线中，如图 13-5 所示。

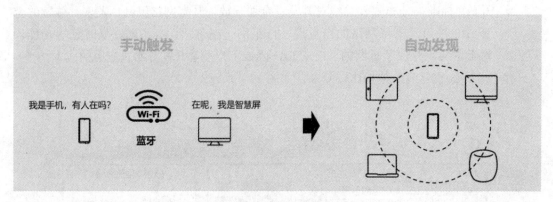

图 13-5　软总线发现连接的演变

传统的发现机制是手动触发，例如现在使用的 Android 系统，要发现蓝牙设备，需要手动打开蓝牙，然后广播搜索蓝牙是否存在，然后再单击蓝牙进行配对。这个过程非常烦琐，少则花费 20~30 秒，多则花费数分钟。

鸿蒙系统采用了一种附近设备自动发现技术，给了开发者无穷的想象空间，自动发现能将周围的设备（同一个账号授权的设备）自动连接到软总线上，程序员能直接调用这些设备，而不需要手动配对连接。自动发现是安全性的，需要同一个账号才能自动发现。自动发现会耗一些电，因为需要不断扫描周围是否有设备存在，但是这个功能是低功耗的。经过统计，开启自动发现功能，每天手机仅仅只会少使用 10 分钟而已。

13.3.4 分布式软总线之组网

当设备发现后，可能不同的设备使用了不同的协议，如耳机使用的是蓝牙协议，相机和手机之间使用的是 WiFi 来传输数据，这样就导致了设备之间的网络不一致。这时需要通过组网技术来屏蔽这些差别，让不同协议的设备能够互相通信。

1. 传统的组网模式

传统的组网方式通过 WiFi 或蓝牙独立组网，也就是 WiFi 只能连接 WiFi、蓝牙协议只能连接蓝牙协议，如图 13-6 所示。

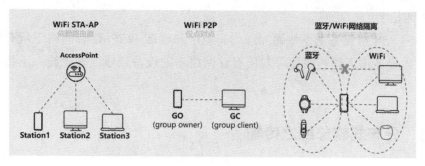

图 13-6　传统组网模式

这种组网方式的特点如下：
- 多个设备连接在一个路由器网络下。如计算机、手机同时连接到同一个 WiFi，不能跨不同协议通信。
- 两个设备点对点组网，必须一个设备充当接入点才能组网。如手机开热点，计算机连接手机热点。
- 不同设备间只能通过相同的协议连接。如两部手机蓝牙连接传输照片。设备 1 通过蓝牙连接设备 2，设备 2 和设备 3 在同一个 WiFi 网络下，设备 1 是不能与设备 3 通信的。

2. 异构网络组网模式

异构组网，就是不同协议之间能够组网，例如蓝牙可以和 WiFi 组网。这是通过分布式软总线的协议转换来实现的，如图 13-7 所示。

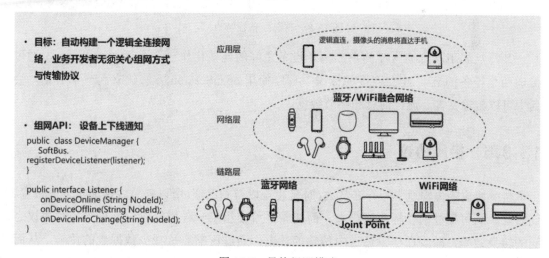

图 13-7　异构组网模式

异构组网的特点如下：
- 异构网络组网，自动构建一个逻辑全连接网络，应用开发者无须关心组网方式与传输协议。也就是说，不管设备之间是由传统组网模式的哪一种模式连接的，它们都是互相传递连通的，可以起到跨协议通信。例如，设备 1 通过蓝牙连接设备 2，设备 2 和设备 3 在同一个 WiFi 网络下，设备 1 是能与设备

3 通信的。
- 组网 API 有设备上下线通知能力。监听该蓝牙 /WiFi 融合网络下所有设备的状态。设备进入该网络即可与所有该网络下的设备通信，即上线；下线即离开该网络。

13.3.5 分布式软总线之传输

组网成功后，就可以在软总线中传输数据了。软总线有高带宽、低时延、高可靠性的特点，如图 13-8 所示。

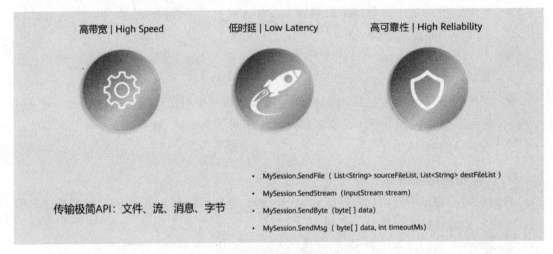

图 13-8 软总线传输特点

其特点如下：传输 API 简单。两个设备之间的连接化作一个会话（session）。通过传递两个设备的 ID，建立连接的标识。程序使用 openSession 方法建立起一个会话，会话中可以传输文件、流、消息和字节数据。

13.3.6 极简协议

传统协议的传输速率差异非常大，时延也难以得到保证。所以软总线传输实现高带宽、低时延、高可靠性的目标难度极大。而鸿蒙系统使用了一种极简协议来提高各种协议之间的转换效率，减少在传输通道中传输的数据，通过压缩算法减少数据量的传输，从而提高传输效率及稳定性。

极简协议将网络七层协议中间的四层协议精简为一层来提升有效载荷，被精简的为网络层、传输层、会话层和表示层。这样使有效传输带宽提升了 20%，并且在传统网络协议的基础上进行增强：

- 流式传输：基于 UDP 实现数据的保序和可靠传输。
- 双轮驱动：颠覆传统 TCP 每包确认机制。

- 不惧网损：摒弃传统滑动窗口机制，丢包快速恢复，避免阻塞。
- 不惧抖动：智能感知网络变化，自适应流量控制和拥塞控制。

极简协议有如下特点：
- 简装性：多层变一层，精简协议封装，提升有效载荷，有效传输带宽提升 20%。
- 简流程：多层协议流程打通，简化协议逻辑。
- 简代码：避免层间调用和工程开销。

13.3.7 软总线对开发者友好

对比不同的系统，我们发现鸿蒙的软总线对开发者非常友好。相比其他系统中应用的互联互通，鸿蒙的软总线在设备通信方便具有巨大的优势，如图 13-9 所示。

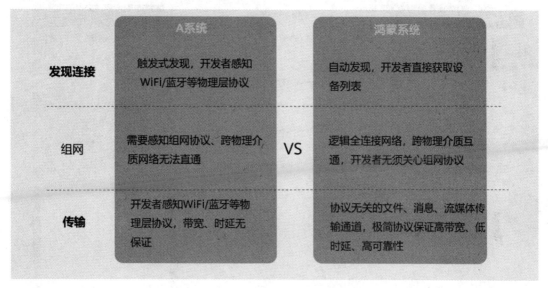

图 13-9 鸿蒙软总线优势

- 在发现连接方面，传统系统一般为触发式发现，开发人员需要去关心 WiFi/ 蓝牙等物理层的协议；而鸿蒙系统实现的是自动发现，开发人员可直接获取设备列表，无须了解底层协议。
- 在组网方面，传统系统一般在跨物理介质的网络中无法直通，并且开发人员还需要熟悉各种组网协议；而鸿蒙系统实现了逻辑全连接网络，跨物理介质网络也能直接互通，开发人员也无须关心组网协议。
- 在传输方面，传统系统的带宽和时延无法得到保证，开发人员也必须去关注各种物理层协议；而鸿蒙系统提供了协议无关的文件、消息、流媒体传输通道，极简的协议保证高带宽、低时延、高可靠性。

13.4 分布式开发案例

学习了前面的理论知识,下面来学习一个发送邮件案例。案例相应代码可在本书代码文件的 chapter13 中找到。通过这个例子我们可以学习如何开发分布式程序。

当我们在设备 A 写了一半的邮件后,调用设备 A 中的图片,然后想要在设备 B 中接着完成该邮件,便可通过本例代码实现。首先设备 A 进行邮件编写并选择附件,然后将剩下的其他操作流转到设备 B。在图 13-10 中的第一个界面中,单击"附件"弹出第二个界面,选择附件后,单击右上角的迁移按钮,将邮件迁移到设备 B 中,继续完成。效果如图 13-10 所示。

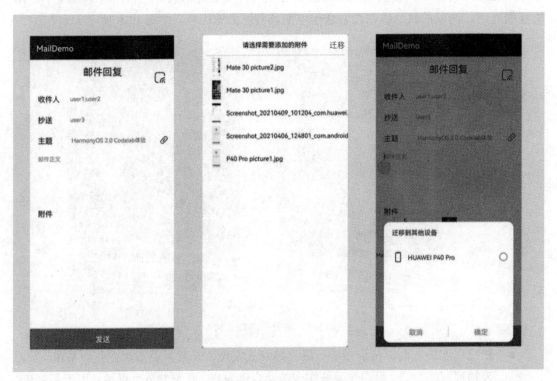

图 13-10　案例实现效果

在设备 B 中,弹出邮件界面(见图 13-11),可继续完成邮件的编写,可以看出,邮件已经写了一部分,已经写的部分包括附件是来自设备 A 的。

是不是很有意思呢?以后一个人没完成的工作,就可以直接同步给另一个人来完成了。

图 13-11　同步后效果

13.4.1　申请权限

开发本程序需要申请相关的一些权限，本例的 config.json 文件最后几行如下：

```
"reqPermissions": [
  {
    "name": "ohos.permission.GET_DISTRIBUTED_DEVICE_INFO"
  },
  {
    "name": "ohos.permission.DISTRIBUTED_DATASYNC"
  },
  {
    "name": "ohos.permission.DISTRIBUTED_DEVICE_STATE_CHANGE"
  },
  {
    "name": "ohos.permission.READ_USER_STORAGE"
  },
  {
    "name": "ohos.permission.WRITE_USER_STORAGE"
  },
  {
```

```
      "name": "ohos.permission.GET_BUNDLE_INFO"
    }
]
```

reqPermissions 表示本应用需要的权限，这里申请了 6 个权限，含义如下：

- ohos.permission.GET_DISTRIBUTED_DEVICE_INFO：允许获取分布式组网内的设备列表和设备信息。
- ohos.permission.DISTRIBUTED_DATASYNC：允许不同设备之间的数据交换。
- ohos.permission.DISTRIBUTED_DEVICE_STATE_CHANGE：允许监听分布式组网内的设备状态变化。
- ohos.permission.READ_USER_STORAGE：允许读取存储卡中的内容。
- ohos.permission.WRITE_USER_STORAGE：允许修改或删除存储卡中的内容。
- ohos.permission.GET_BUNDLE_INFO：允许查询其他应用的信息。

非敏感权限在 config.json 文件中声明后会自动授予，敏感权限必须要在代码中动态申请。动态授权的权限代码如下：

```
private void requestPermission() {
    //总共需要申请的权限
    String[] permissions = {
        "ohos.permission.READ_USER_STORAGE",
        "ohos.permission.WRITE_USER_STORAGE",
        "ohos.permission.DISTRIBUTED_DATASYNC"
    };
    //创建一个列表用来装要申请的权限
    List<String> applyPermissions = new ArrayList<>();
    //遍历 permissions，检查权限并记录日志
    for (String element : permissions) {
        LogUtil.info(TAG, "check permission: " + element);
        checkPermission(applyPermissions, element);
    }
    //向系统申请权限
    requestPermissionsFromUser(applyPermissions.toArray(new String[0]), 0);
}

private void checkPermission(List<String> applyPermissions, String element) {
    //verifySelfPermission用来检查当前程序是否具备该权限，如果有返回0，否则返回-1
```

```
        if (verifySelfPermission(element) != 0) {
            // 如果没有该权限，就申请该权限，用户通过就将该权限添加到列表中，没
通过就打印该程序被用户拒绝申请权限的日志
            if (canRequestPermission(element)) {
                applyPermissions.add(element);
            } else {
                LogUtil.info(TAG, "user deny permission");
            }
        // 如果已经具备该权限，日志记录提示该程序已获取该权限
        } else {
            LogUtil.info(TAG, "user granted permission: " +
element);
        }
    }
```

大部分解释都写在注释中了。如果读者对权限还很陌生，可以回到前面的章节复习一下。

13.4.2 页面布局

下面来定义一下本案例的主页面，在 resources/base/layout 下添加布局文件 moudlemailedit.xml，布局代码如下：

```
<?xml version="1.0" encoding="utf-8"?>
<StackLayout
  xmlns:ohos="http://schemas.huawei.com/res/ohos"
  ohos:height="match_parent"
  ohos:width="match_parent">

  <DirectionalLayout
    ohos:height="match_parent"
    ohos:width="match_parent"
    ohos:orientation="vertical">

    <DependentLayout
      ohos:height="60vp"
      ohos:width="match_parent"
      ohos:top_margin="10vp">
```

```xml
        <Text
            ohos:id="$+id:call_test"
            ohos:height="match_content"
            ohos:width="match_content"
            ohos:horizontal_center="true"
            ohos:multiple_lines="false"
            ohos:text="$string:text_reply"
            ohos:text_color="#ff000000"
            ohos:text_size="24fp"
            ohos:top_margin="3vp"/>

        <Image
            ohos:id="$+id:mail_edit_continue"
            ohos:height="50vp"
            ohos:width="50vp"
            ohos:align_parent_bottom="true"
            ohos:align_parent_right="true"
            ohos:image_src="$media:icon_qianyi"
            ohos:padding="10vp"
            ohos:right_margin="10vp"
            ohos:scale_mode="zoom_center"
            />
    </DependentLayout>

    <DirectionalLayout
        ohos:id="$+id:mail_edit_center_layout"
        ohos:height="match_parent"
        ohos:width="match_parent"
        ohos:orientation="vertical">

        <DirectionalLayout
            ohos:height="50vp"
            ohos:width="match_parent"
            ohos:orientation="horizontal">

            <Text
                ohos:height="match_parent"
```

```xml
        ohos:width="100vp"
        ohos:layout_alignment="vertical_center"
        ohos:left_padding="20vp"
        ohos:text="$string:text_to"
        ohos:text_alignment="vertical_center"
        ohos:text_color="#ff000000"
        ohos:text_size="18fp"/>

    <TextField
        ohos:id="$+id:mail_edit_receiver"
        ohos:height="match_parent"
        ohos:width="match_parent"
        ohos:hint="$string:text_to"
        ohos:layout_alignment="vertical_center"
        ohos:multiple_lines="false"
        ohos:text_alignment="vertical_center"
        ohos:text_color="#99000000"
        ohos:text_cursor_visible="true"
        ohos:text_size="14fp"/>
</DirectionalLayout>

<DirectionalLayout
    ohos:height="50vp"
    ohos:width="match_parent"
    ohos:layout_alignment="vertical_center"
    ohos:orientation="horizontal">

    <Text
        ohos:height="-2"
        ohos:width="100vp"
        ohos:layout_alignment="vertical_center"
        ohos:left_padding="20vp"
        ohos:text="$string:text_cc"
        ohos:text_alignment="vertical_center"
        ohos:text_color="#ff000000"
        ohos:text_size="18fp"/>
```

```xml
        <TextField
            ohos:id="$+id:mail_edit_cc"
            ohos:height="match_parent"
            ohos:width="match_parent"
            ohos:hint="$string:text_cc"
            ohos:layout_alignment="vertical_center"
            ohos:multiple_lines="false"
            ohos:text_alignment="vertical_center"
            ohos:text_color="#99000000"
            ohos:text_size="14fp"/>
    </DirectionalLayout>

    <StackLayout
        ohos:height="50vp"
        ohos:width="match_parent">

        <DirectionalLayout
            ohos:height="50vp"
            ohos:width="match_parent"
            ohos:orientation="horizontal"
            ohos:right_margin="70vp">

            <Text
                ohos:height="match_parent"
                ohos:width="100vp"
                ohos:layout_alignment="vertical_center"
                ohos:left_padding="20vp"
                ohos:text="$string:text_title"
                ohos:text_alignment="vertical_center"
                ohos:text_color="#ff000000"
                ohos:text_size="18fp"/>

            <TextField
                ohos:id="$+id:mail_edit_title"
                ohos:height="match_parent"
                ohos:width="match_parent"
                ohos:hint="$string:text_title"
```

```xml
            ohos:layout_alignment="vertical_center"
            ohos:multiple_lines="false"
            ohos:text_alignment="vertical_center"
            ohos:text_color="#99000000"
            ohos:text_size="14fp"/>
    </DirectionalLayout>

    <Image
        ohos:id="$+id:open_dir"
        ohos:height="50vp"
        ohos:width="50vp"
        ohos:image_src="$media:icon_fujian"
        ohos:layout_alignment="right|vertical_center"
        ohos:padding="16vp"
        ohos:scale_mode="zoom_center"/>
</StackLayout>

<DirectionalLayout
    ohos:height="match_parent"
    ohos:width="match_parent"
    ohos:bottom_margin="70vp"
    ohos:orientation="vertical">

    <TextField
        ohos:id="$+id:mail_edit_content"
        ohos:height="0vp"
        ohos:width="match_parent"
        ohos:hint="$string:text_message"
        ohos:left_padding="20vp"
        ohos:multiple_lines="true"
        ohos:right_padding="20vp"
        ohos:text_color="#99000000"
        ohos:text_cursor_visible="true"
        ohos:text_size="14fp"
        ohos:top_padding="10vp"
        ohos:weight="1"/>
```

```xml
            <DirectionalLayout
                ohos:height="0vp"
                ohos:width="match_parent"
                ohos:orientation="vertical"
                ohos:weight="2">

                <Text
                    ohos:height="30vp"
                    ohos:width="180vp"
                    ohos:layout_alignment="vertical_center"
                    ohos:left_padding="20vp"
                    ohos:text="$string:text_attachment"
                    ohos:text_size="18fp"/>

                <ListContainer
                    ohos:id="$+id:attachment_list"
                    ohos:height="100vp"
                    ohos:width="match_parent"
                    ohos:layout_alignment="horizontal_center"
                    ohos:orientation="horizontal"/>
            </DirectionalLayout>
        </DirectionalLayout>
      </DirectionalLayout>
    </DirectionalLayout>

    <Button
        ohos:height="50vp"
        ohos:width="match_parent"
        ohos:background_element="#FF3FC3AF"
        ohos:layout_alignment="bottom"
        ohos:text="$string:text_send"
        ohos:text_alignment="center"
        ohos:text_color="#ffffff"
        ohos:text_size="18fp"
    />
</StackLayout>
```

该文件中定义了 5 个 Text 组件，4 个 TextField 组件，2 个 Image 组件，1 个 ListContainer 组件，1 个 Button 组件，分别表示收件人、抄送、主题、正文、附件选择框等。布局效果如图 13-12 所示。

图 13-12　XML 布局效果

13.4.3　获取分布式设备

要将应用迁移到其他设备，就必须知道软总线上有哪些设备，哪些设备来接受该应用的迁移。在邮件界面中监听迁移按钮的单击事件，标题栏右上角的按钮就是迁移按钮，从窗口底部滑出分布式设备列表界面可供选择迁移，代码如下：

```
doConnectImg.setClickedListener( clickedView -> {
    // 通过 FLAG_GET_ONLINE_DEVICE 标记获得在线设备列表
    List<DeviceInfo> deviceInfoList = DeviceManager.getDeviceList
(DeviceInfo.FLAG_GET_ONLINE_DEVICE);
    // 如果不存在分布式设备则弹出提示
    if (deviceInfoList.size() < 1) {
        WidgetHelper.showTips(this, "无在网设备");
    } else {
        // 选择在线设备对话框
        DeviceSelectDialog dialog = new DeviceSelectDialog(this);
```

```java
        // 单击后迁移到指定设备
        dialog.setListener( deviceInfo -> {
            // 打印在线设备的名字, 用于调试
            LogUtil.debug(TAG, deviceInfo.getDeviceName());
            LogUtil.info(TAG, "continue button click");
            try {
                // 开始任务迁移
                continueAbility();
                LogUtil.info(TAG, "continue button click end");
            } catch (IllegalStateException | UnsupportedOperationException e) {
                WidgetHelper.showTips(this, ResourceTable.String_tips_mail_continue_failed);
            }
            dialog.hide();
        });
        dialog.show();
    }
});
```

这段函数会打开在线的设备列表。当选择某个设备后,会将任务迁移到另一个设备中,continueAbility( )是鸿蒙提供的API函数,用来把当前Feature Ability流转到同一个分布式网络中的另外一台设备上,仅支持单向流转,其原型如下:

```java
public final void continueAbility()
```

13.4.4 页面迁移

一个应用的某个Page Ability若想要完成跨设备迁移,则该Page Ability以及其所包含的所有AbilitySlice都需要实现IAbilityContinuation接口,如下主页面MainAbility实现了IAbilityContinuation接口:

```java
public class MainAbility extends Ability implements IAbilityContinuation {
    ...

    @Override
    public void onCompleteContinuation(int code) { }
```

```java
    @Override
    public boolean onRestoreData(IntentParams params) {
        return true;
    }

    @Override
    public boolean onSaveData(IntentParams params) {
        return true;
    }

    @Override
    public boolean onStartContinuation() {
        return true;
    }
}
```

邮件编辑页面 MailEditSlice 也实现了 IAbilityContinuation 接口,这两个页面都是需要迁移到其他设备执行的。

```java
public class MailEditSlice extends AbilitySlice implements IAbilityContinuation {
    ...
    private MailDataBean cachedMailData;
    ...

    @Override
    public boolean onStartContinuation() {
        LogUtil.info(TAG, "is start continue");
        return true;
    }

    @Override
    public boolean onSaveData(IntentParams params) {
        // 获取当前邮件数据
        MailDataBean mailData = getMailData();
        LogUtil.info(TAG, "begin onSaveData");
        // 将当前邮件数据保存到意图对象
        mailData.saveDataToParams(params);
```

```java
            LogUtil.info(TAG, "end onSaveData");
            return true;
    }


    @Override
    public boolean onRestoreData(IntentParams params) {
        LogUtil.info(TAG, "begin onRestoreData");
            // 通过另一台设备传过来的意图对象创建邮件数据对象并保存到cachedMailData
        cachedMailData = new MailDataBean(params);
        LogUtil.info(TAG, "end onRestoreData, mail data");
        return true;
    }


    @Override
    public void onCompleteContinuation(int i) {
        LogUtil.info(TAG, "onCompleteContinuation");
        terminateAbility();
    }

    private MailDataBean getMailData() {
      MailDataBean data = new MailDataBean();
      data.setReceiver(receiver.getText());
      data.setCc(cc.getText());
      data.setTitle(title.getText());
      data.setContent(content.getText());
      data.setPictureDataList(mAttachmentDataList);
      return data;
    }

    ...
}
```

IAbilityContinuation 重写实现的这几个函数解释如下：

- onStartContinuation( )：

Page Ability 请求迁移后，系统首先回调该函数。该函数返回 true 表示允许执行迁移，false 表示不允许。本例中直接返回 true。实际开发中可以通过弹框让用户确认是否开始迁移。

- onSaveData( )：

如果 onStartContinuation 返回 true，则系统回调该函数。需要在该回调函数中保存需要传递到另外设备上用于恢复 Page Ability 状态的数据。

- onRestoreData( )：

源设备上 Page Ability 完成保存数据后，即 onSaveData 返回 true 后，系统在目标设备上回调该函数。需要在该回调函数中接收用于恢复 Page Ability 状态的数据。需要注意的是，在目标设备上的 Page Ability 会重新启动其生命周期，并且系统会在 onStart( ) 之前回调此函数。

- onCompleteContinuation( )：

目标设备上恢复数据一旦完成，系统就会在源设备上回调该函数，以便通知应用迁移流程已结束。通常可以在该函数中检查迁移结果是否成功，并在迁移结束后进行一些处理，例如本例在迁移完成后终止自身生命周期。

从上面的代码中，可以看到我们主要是通过 onSaveData( ) 和 onRestoreData( ) 函数来进行传递和恢复数据的，当设备 A 要将页面迁移到设备 B，需要先保存数据，然后在设备 B 恢复数据。这两个函数中涉及的邮件信息类 MailDataBean 的代码如下。MailDataBean 就是在两个设备间需要传递的数据，只有数据在两个设备间同步了，界面才能正确显示相应的信息。

```java
public class MailDataBean {
    // 一些信息常量
    private static final String ARGS_RECEIVER = "receiver";

    private static final String ARGS_CC = "cc";

    private static final String ARGS_TITLE = "title";

    private static final String ARGS_CONTENT = "content";

    private static final String ARGS_PIC_LIST = "pic_list";
    // 邮件接收者
    private String receiver;
    // 邮件抄送
    private String cc;
    // 邮件标题
    private String title;
    // 邮件正文
    private String content;
    // 邮件附件中的图片数据列表
```

```java
        private List<String> pictureDataList;

        // 无参构造器
        public MailDataBean() {
            super();
        }

        //4 个参数的构造器，构造邮件数据对象
        public MailDataBean(String receiver, String cc, String title, String content) {
            super();
            this.receiver = receiver;
            this.cc = cc;
            this.title = title;
            this.content = content;
        }

        // 带意图参数的构造器，从意图参数中获取数据
        public MailDataBean(IntentParams params) {
            // 如果意图参数为空，日志提示参数不合法，然后直接返回
            if (params == null) {
                LogUtil.info(this.getClass(), "Invalid intent params, can't create MailDataBean");
                return;
            }
            // 获取意图中邮件接收者、抄送、标题、正文、图片列表，并赋给对应属性
            this.receiver = getStringParam(params, ARGS_RECEIVER);
            this.cc = getStringParam(params, ARGS_CC);
            this.title = getStringParam(params, ARGS_TITLE);
            this.content = getStringParam(params, ARGS_CONTENT);
            this.pictureDataList = (List<String>) params.getParam(ARGS_PIC_LIST);
        }

        // 获取意图中指定键对应的 String 类型的值
        private String getStringParam(IntentParams intentParams, String key) {
```

```java
        // 获取意图中指定键对应的值
        Object value = intentParams.getParam(key);
        // 如果该值为String类型,强转为String类型后返回
        if ((value instanceof String)) {
            return (String) value;
        }
        // 否则,直接返回空字符串
        return "";
    }


    // 将数据保存到意图对象中
    public void saveDataToParams(IntentParams params) {
        // 往意图中添加一条键为"receiver",值为receiver属性的数据,
如果该属性为null,就添加空字符串
        params.setParam(ARGS_RECEIVER, this.receiver == null ? "" : this.receiver);
        // 下几行与上一行类似
        params.setParam(ARGS_CC, this.cc == null ? "" : this.cc);
        params.setParam(ARGS_TITLE, this.title == null ? "" : this.title);
        params.setParam(ARGS_CONTENT, this.content == null ? "": this.content);
        params.setParam(ARGS_PIC_LIST, this.pictureDataList == null ? null : this.pictureDataList);
    }

    // 各属性的get/set方法
    ...
}
```

13.4.5 跨端迁移流程

为了使大家能够更加清楚跨端迁移的流程,下面通过一个图示来说明上述过程(见图13-13)。

图 13-13　跨端迁移流程图

（1）设备 A 上的 Feature Ability 通过调用 continueAbility( ) 函数请求迁移。

（2）系统回调设备 A 上的 Feature Ability，以及其所有 AbilitySlice 实例的 onStartContinuation( ) 函数，以确认当前是否可以开始迁移。若该函数返回 true，表示当前 Feature Ability 可以开始迁移。

（3）如果可以开始迁移，则系统回调设备 A 上的 Feature Ability，以及其所有 AbilitySlice 实例的 onSaveData( ) 函数，以便保存迁移后恢复状态必需的数据。

（4）如果保存数据成功，则系统在设备 B 上启动同一个 Feature Ability，并恢复 AbilitySlice，然后回调 onRestoreData( ) 函数，传递设备 A 上 Feature Ability 保存的数据，应用可在此方法恢复业务状态；之后设备 B 上的该 Feature Ability 从 onStart( ) 函数开始其生命周期回调。

（5）系统回调设备 A 上 Feature Ability，以及其所有 AbilitySlice 实例的 onCompleteContinuation( ) 函数，通知应用迁移成功，可在此进行一些迁移后的处理。

13.4.6　邮件数据处理

上面的步骤完成了在不同设备间数据的传递，同时我们需要在 MailEditSlice 的界面初始化之前，对传递到设备 B 中的数据进行处理：

```
// 如果cachedMailData为空（即未成功接收到另一台设备的数据），这样在设备B
没有数据，这时就为邮件的接收者、抄送、标题设置一些默认值
if (cachedMailData == null) {
    receiver.setText("user1;user2");
    cc.setText("user3");
```

```java
        ohos.global.resource.ResourceManager resManager = this.getResourceManager();
        try {
            title.setText(resManager.getElement(ResourceTable.String_text_reply_title).getString());
        } catch (IOException | NotExistException | WrongTypeException e) {
            e.printStackTrace();
        }
    // 否则，将cachedMailData中数据赋给当前Page Ability
    } else {
        receiver.setText(cachedMailData.getReceiver());
        cc.setText(cachedMailData.getCc());
        title.setText(cachedMailData.getTitle());
        content.setText(cachedMailData.getContent());
        if (cachedMailData.getPictureDataList().size() > 0) {
            // 清空现有数据，并刷新
            mAttachmentDataList.clear();
            mAttachmentDataList.addAll(cachedMailData.getPictureDataList());
        }
    }
```

13.5 小结

本章主要讲解了鸿蒙的分布式应用开发。这是一种共享式的分布式开发，其核心设计就是鸿蒙的分布式软总线。该软总线能感知注册在总线中的设备，并能够调用这些设备的功能，好像所有设备的功能都是共享的，共同组成了一个"超级终端"，通过一台设备就能操作所有能联网的设备，极大提升了用户的使用体验。鸿蒙软总线对应用开发者来说也十分友好，它可以自动构建一个逻辑全连接网络，开发者无须关心组网方式与传输协议，业务开发与设备组网解耦，业务仅需监听设备上下线，开发成本大大降低。由于鸿蒙的分布式开发有很强的创新性，所以运行13.4节案例中的程序时，需要准备两台手机，用日志或断点的形式调试程序，观察数据流动和业务逻辑，这样就能很容易地理解分布式应用开发的原理了。

第 14 章
多媒体开发

在诺基亚功能机时代，手机的功能非常单一，除了打电话、发短信之外，几乎没有其他功能。随着功能机的发展，功能机后期加入了音乐、相机、Java 小游戏等，但是都非常鸡肋，相比现在的功能来说，只能算作 Demo。如今，智能手机等智能设备在我们的生活中扮演着非常重要且常见的角色，平均每人每天使用手机的时间几乎都有数小时，各种各样的娱乐方式都可以在手机上进行。

无论在何处，几乎都可以带着手机听音乐、拍视频、看电影、发 Vlog，智能手机的多媒体功能正在改变着我们的生活，很多有趣的瞬间，被我们的智能手机方便清晰地记录着。鸿蒙系统在多媒体上做得非常出色，它提供了一系列的 API 函数，开发人员可以使用这些多媒体 API 调用手机或其他智能设备上的多媒体资源，从而实现丰富的多媒体功能。本章我们将对鸿蒙系统的常用多媒体功能进行讲解，重点讲解一下相机的开发。

14.1 鸿蒙相机开发概述

相机是鸿蒙系统多媒体模块提供的系统功能之一。本章以一个相机实例来讲解如何进行多媒体开发。

了解相机的开发，需要先理解几个相机及视频的相关概念：
- 视频帧：视频实际上是由按固定时间间隔连续播放的图片组成的，这些图片被称为视频帧。
- 帧速率（FPS）：帧速率或帧率指的是每秒钟播放图片的数量。帧速率越高，视频观感越流畅。
- 分辨率：每一帧的图片是由像素点构成的。像素指的是图片中最小的单位色块。分辨率指的就是图片像素点的个数，例如图片分辨率为 800 像素 ×600 像素，指的是这张图水平方向上有 800 个像素点，垂直方向上有 600 个像素点。

14.2 相机开发案例

通过本节相机开发案例的讲解，你将学习到如何进行多媒体开发。这个案例通过已开放的 API 接口实现了对相机硬件的访问、操作并开发了新功能，能进行常见的操作如预览、拍照、连拍和摄像等。主界面如图 14-1 所示。相应代码可在本书代码文件的 chapter14 中找到。

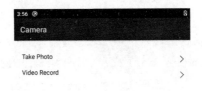

图 14-1 相机开发案例界面

- 单击"Take Photo",开启照相功能。
- 单击"Video Record",开启摄像功能。

14.2.1 获取权限

要想相机应用能正确工作,需要获取相机需要的权限。获取权限在程序启动时就开始执行,申请权限的相关代码如下。首先在 MainAbility 的 onStart( ) 函数中申请权限:

```
public class MainAbility extends Ability {
    @Override
    public void onStart(Intent intent) {
        super.onStart(intent);
        super.setMainRoute(MainAbilitySlice.class.getName());
        requestPermissions();
    }


    private void requestPermissions() {
        // 需要申请的权限
        String[] permissions = {
                        SystemPermission.WRITE_USER_STORAGE,
SystemPermission.READ_USER_STORAGE, SystemPermission.CAMERA,
                SystemPermission.MICROPHONE, SystemPermission.LOCATION
        };
        // 向系统申请权限,只申请上述 permissions 中还尚未拥有的权限
        requestPermissionsFromUser(Arrays.stream(permissions)
                .filter(permission -> verifySelfPermission(permission) != IBundleManager.PERMISSION_GRANTED).toArray(String[]::new), 0);
    }

    // 上述 requestPermissionsFromUser() 函数的请求结果会传递给这个函数,
    // 参数 permissions 表示请求的权限列表,grantResults 表示授予结果,0 表示被成功授予了权限,-1 表示未授予成功
    @Override
    public void onRequestPermissionsFromUserResult(int requestCode, String[] permissions, int[] grantResults) {
```

```
            //permissions 或 grantResults 为空或长度为 0,直接返回
        if (permissions == null || permissions.length == 0 ||
grantResults == null || grantResults.length == 0) {
            return;
        }
        // 检查授予结果,只要有一个权限没授予成功,就终止当前 Ability
        for (int grantResult : grantResults) {
            if (grantResult != IBundleManager.PERMISSION_GRANTED) {
                terminateAbility();
                break;
            }
        }
    }
}
```

相机需要获得鸿蒙系统的一些权限。一般来说,相机需要使用磁盘来存放一些缓存文件,需要操作摄像头、麦克风等权限。上面的代码中,先声明了一个权限数组 permissions,一共有 5 种权限,如表 14-1 所示。

表 14-1 相机申请权限列表

权限	含义
SystemPermission.WRITEUSERSTORAGE	允许应用程序创建、删除文件或修改文件中的数据
SystemPermission.READUSERSTORAGE	允许应用程序读取设备文件
SystemPermission.CAMERA	允许应用程序使用相机
SystemPermission.MICROPHONE	允许应用程序使用麦克风
SystemPermission.LOCATION	允许应用程序获取设备位置

requestPermissionsFromUser( ) 函数用于向系统请求权限。这个函数是一个异步执行函数,权限的请求结果将通过 onRequestPermissionsFromUserResult( ) 函数返回。

```
void requestPermissionsFromUser(String[] permissions, int requestCode)
```

参数含义如下:
- permissions:向系统请求的权限列表,该参数不能为 null。
- requestCode:传递给回调函数 onRequestPermissionsFromUserResult( ) 的请求码,该参数不能为负数。

代码中使用了 Arrays.stream 对 permissions 进行了处理,这段处理语句的含义是将当前进程已拥有的权限过滤掉,只请求尚未拥有的权限。

onRequestPermissionsFromUserResult( ) 函数有三个参数,分别是:

- requestCode: 从 requestPermissionsFromUser( ) 函数传递过来的请求码。
- permissions: requestPermissionsFromUser( ) 函数请求的权限列表。
- grantResults: requestPermissionsFromUser( ) 函数请求权限的授予结果。0 表示被成功授予了权限，-1 表示未授予成功。

当每一个权限被赋予后，这个函数什么都不做，如果有某个权限没有被赋予，那么就执行 terminateAbility( ) 函数。上面代码中的 IBundleManager.PERMISSION_GRANTED 是一个常量，表示权限被授予的意思。

terminateAbility( ) 函数的意思是中止当前 Page Ability 或 Service Ability，以释放内存。

14.2.2 相机界面

主界面中有两个按钮：一个是照相按钮，一个是摄像按钮。照相窗口和摄像窗口的布局文件在本书代码文件的 chapter14\Camera\entry\src\main\resources\base\layout\main_camera_slice.xml 中。代码如下：

```xml
<DirectionalLayout
    xmlns:ohos="http://schemas.huawei.com/res/ohos"
    ohos:height="match_parent"
    ohos:width="match_parent">

    <DependentLayout
        ohos:id="$+id:root_container"
        ohos:height="match_parent"
        ohos:width="match_parent">

        <DirectionalLayout
            ohos:id="$+id:surface_container"
            ohos:height="match_parent"
            ohos:width="match_parent"/>

        <DirectionalLayout
            ohos:id="$+id:directionalLayout"
            ohos:height="match_content"
            ohos:width="match_parent"
            ohos:align_parent_bottom="$+id:root_container"
            ohos:bottom_margin="30vp"
            ohos:orientation="horizontal"
```

```xml
        ohos:visibility="invisible">

        <Image
            ohos:id="$+id:exit"
            ohos:height="match_content"
            ohos:width="match_parent"
            ohos:image_src="$media:ic_camera_back"
            ohos:layout_alignment="vertical_center"
            ohos:scale_mode="center"
            ohos:weight="1"/>

        <Image
            ohos:id="$+id:tack_picture_btn"
            ohos:height="match_content"
            ohos:width="match_parent"
            ohos:image_src="$media:ic_camera_photo"
            ohos:layout_alignment="vertical_center"
            ohos:scale_mode="center"
            ohos:weight="1"/>

        <Image
            ohos:id="$+id:switch_camera_btn"
            ohos:height="match_content"
            ohos:width="match_parent"
            ohos:image_src="$media:ic_camera_switch"
            ohos:layout_alignment="vertical_center"
            ohos:scale_mode="center"
            ohos:weight="1"/>
        </DirectionalLayout>
    </DependentLayout>
</DirectionalLayout>
```

这个布局的效果如图 14-2 所示。

图 14-2 相机窗口布局

- 最外层是一个 DirectionalLayout。
- 中间是一个 DependentLayout，在它下面又定义了 2 个 DirectionalLayout，第一个为相机画布，第二个中定义了 3 个 Image 组件，从左到右分别表示返回、拍摄、切换前后镜头。

在 TakePhotoSlice 界面中，首先初始化各个组件，主要是获得按钮及相机画布的引用，然后设置相应的单击监听函数，代码如下：

```
private void initComponents() {
    // 获取按钮组的引用
    buttonGroupLayout = findComponentById(ResourceTable.Id_directionalLayout);
    // 获取相机画布的引用
    surfaceContainer = (ComponentContainer) findComponentById(ResourceTable.Id_surface_container);
    // 获取拍照按钮的引用
    Image takePhotoImage = (Image) findComponentById(ResourceTable.Id_tack_picture_btn);
    // 获取退出按钮的引用
    Image exitImage = (Image) findComponentById(ResourceTable.Id_exit);
    // 获取切换摄像头的引用
```

```
        Image switchCameraImage = (Image) findComponentById
(ResourceTable.Id_switch_camera_btn);
        // 为退出按钮设置单击事件,即终止该Ability的生命周期
        exitImage.setClickedListener(component -> terminateAbility());
        // 为拍照按钮设置单击事件,即takeSingleCapture()函数
        takePhotoImage.setClickedListener(this::takeSingleCapture);
        // 为拍照按钮设置长按事件,即takeMultiCapture()函数
        takePhotoImage.setLongClickedListener(this::takeMultiCapture);
        // 为切换摄像头按钮设置单击事件,即switchCamera()函数
        switchCameraImage.setClickedListener(this::switchCamera);
    }
```

组件初始完成后,会调用初始化画布的函数,进行一些初始配置,代码如下:

```
// 画布提供对象
private SurfaceProvider surfaceProvider;
// 画布容器对象
private ComponentContainer surfaceContainer;

private void initSurface() {
    // 将窗口设置为透明的
    getWindow().setTransparent(true);
    // 获取布局文件中的参数设置
    DirectionalLayout.LayoutConfig params = new DirectionalLayout.LayoutConfig(
            ComponentContainer.LayoutConfig.MATCH_PARENT,
ComponentContainer.LayoutConfig.MATCH_PARENT);
    // 创建一个画布提供对象
    surfaceProvider = new SurfaceProvider(this);
    // 为其设置布局
    surfaceProvider.setLayoutConfig(params);
    // 不把这个画布放在最上层
    surfaceProvider.pinToZTop(false);
    // 如果这个surfaceProvider对象能获取到画布对象,为其增加一个回调函数
    if (surfaceProvider.getSurfaceOps().isPresent()) {
        surfaceProvider.getSurfaceOps().get().addCallback(new SurfaceCallBack());
```

```
        }
        //画布容器中增加该画布
        surfaceContainer.addComponent(surfaceProvider);
}
```

14.2.3　创建相机设备

在实现一个相机应用之前，必须先创建一个独立的相机设备，然后才能继续相机的其他操作。CameraKit 类是相机的工具类、入口类，用于获取相机设备特性、打开相机等。我们可以借助 CameraKit 类来创建相机设备，代码如下：

```
//照片宽为1080像素
private static final int SCREEN_WIDTH = 1080;
//照片高为1920像素
private static final int SCREEN_HEIGHT = 1920;
//处理的最大照片数
private static final int IMAGE_RCV_CAPACITY = 9;
//是否前置相机
private boolean isFrontCamera;
//执行回调的事件处理对象 EventHandler
private final EventHandler eventHandler = new EventHandler
(EventRunner.current()) {};

private void openCamera() {
        //创建图像帧数据接收处理对象 ImageReceiver,指定了照片的高、宽、图像格式、支持最大照片数。
        imageReceiver = ImageReceiver.create(SCREEN_WIDTH, SCREEN_HEIGHT, ImageFormat.JPEG, IMAGE_RCV_CAPACITY);
        //为 ImageReceiver 设置图像到达监听函数,即执行 saveImage()函数保存图像
        imageReceiver.setImageArrivalListener(this::saveImage);
        //通过 CameraKit 类的静态函数 getInstance()来获取该类对象
        CameraKit cameraKit = CameraKit.getInstance(getApplicationContext());
        //通过 CameraKit 对象的 getCameraIds()函数获取当前设备支持的逻辑相机列表
        String[] cameraList = cameraKit.getCameraIds();
```

```
        // 初始化相机id
        String cameraId = "";
        // 对当前设备支持的逻辑相机列表进行遍历,根据类型来创建相机
        for (String logicalCameraId : cameraList) {
            // 根据逻辑相机id获取相机信息,再根据该消息获取相机类型
            int faceType = cameraKit.getCameraInfo(logicalCameraId).getFacingType();
            switch (faceType) {
                // 如果为前置相机
                case CameraInfo.FacingType.CAMERA_FACING_FRONT:
                    // 判断isFrontCamera这个属性是否true,如果为true就把该逻辑相机id赋给相机id
                    if (isFrontCamera) {
                        cameraId = logicalCameraId;
                    }
                    break;
                // 如果为后置相机
                case CameraInfo.FacingType.CAMERA_FACING_BACK:
                    // 判断isFrontCamera这个属性是否true,如果不为true就把该逻辑相机id赋给相机id
                    if (!isFrontCamera) {
                        cameraId = logicalCameraId;
                    }
                    break;
                // 如果为其他类型相机,就不做处理
                case CameraInfo.FacingType.CAMERA_FACING_OTHERS:
                default:
                    break;
            }
        }
        // 如果相机id不为null且不为空字符串
        if (cameraId != null && !cameraId.isEmpty()) {
            CameraStateCallbackImpl cameraStateCallback = new CameraStateCallbackImpl();
            // 通过CameraKit的createCamera()函数来根据相机id创建相机设备,第二和第三个参数负责相机创建、运行时的数据和状态检测
```

```
            CameraKit.createCamera(cameraId, cameraStateCallback,
eventHandler);
    }
}
```

14.2.4 配置相机设备

成功创建相机设备后，会回调 CameraStateCallback 中的 onCreated( ) 函数。可以在该函数中调用 camera 的 configure( ) 函数对相机进行配置，主要是设置预览、拍照、摄像用到的 Surface，代码如下：

```
// 相机设备对象
private Camera cameraDevice;
// 相机预览画布对象
private Surface previewSurface;
// 图像帧数据接收处理对象
private ImageReceiver imageReceiver;
// 继承 CameraStateCallback 类并重写 onCreated() 函数
private class CameraStateCallbackImpl extends CameraStateCallback {
    CameraStateCallbackImpl() {
    }

    // 成功创建相机设备后，回调此函数，传入相机对象
    @Override
    public void onCreated(Camera camera) {
        // 如果从画布提供对象中能获取到画布对象，将其赋给相机预览画布对象
        if (surfaceProvider.getSurfaceOps().isPresent()) {
            previewSurface = surfaceProvider.getSurfaceOps().get().getSurface();
        }
        // 如果相机预览画布对象为空，日志中打印错误信息，然后直接返回
        if (previewSurface == null) {
            HiLog.error(LABEL_LOG, "%{public}s", "Create camera filed, preview surface is null");
            return;
        }
        // 获取相机配置模板对象
```

```java
            CameraConfig.Builder cameraConfigBuilder = camera.
getCameraConfigBuilder();
        // 配置中添加预览画布
        cameraConfigBuilder.addSurface(previewSurface);
        // 配置中添加拍照画布
            cameraConfigBuilder.addSurface(imageReceiver.
getRecevingSurface());
        // 相机设备配置
        camera.configure(cameraConfigBuilder.build());
        // 将该相机对象赋给 cameraDevice 对象，用于后续操作
        cameraDevice = camera;
        // 将最下面的 3 个按钮组件设置为可见
        updateComponentVisible(true);
    }
    ...
}

private void updateComponentVisible(boolean isVisible) {
    buttonGroupLayout.setVisibility(isVisible ? Component.
VISIBLE : Component.INVISIBLE);
}
```

14.2.5 启动预览

使用相机时，一般都是先预览画面才执行拍照或者其他功能，所以预览是必不可少的。我们可以先通过 getFrameConfigBuilder( ) 函数获取预览配置模板，然后通过 triggerLoopingCapture( ) 函数实现循环帧捕获，用于预览或摄像等。代码如下：

```java
// 继承 CameraStateCallback 类并重写 onConfigured() 函数
private class CameraStateCallbackImpl extends CameraStateCallback {
    ...

    // 成功执行 camera 的 configure() 函数后，会回调此函数，传入相机对象
    @Override
    public void onConfigured(Camera camera) {
        // 获取预览配置模板
```

```
            FrameConfig.Builder framePreviewConfigBuilder = camera.
getFrameConfigBuilder(FRAME_CONFIG_PREVIEW);
            // 配置中添加预览画布
            framePreviewConfigBuilder.addSurface(previewSurface);
            // 启动循环帧捕获,用于预览
             camera.triggerLoopingCapture(framePreviewConfigBuilder.
build());
        }
    }
```

14.2.6 实现拍照

拍照功能是相机应用中最重要的功能,单击拍照按钮会调用 takeSingleCapture( ) 函数进行单帧捕获,即拍摄单张照片;长按拍照按钮会调用 takeMultiCapture( ) 函数进行多帧捕获,即实现连拍。代码如下:

```
    private void takeSingleCapture(Component component) {
        // 如果相机对象或图像接收处理对象为空,直接返回,不处理
        if (cameraDevice == null || imageReceiver == null) {
            return;
        }
        // 获取拍照配置模板
        FrameConfig.Builder framePictureConfigBuilder = cameraDevice.
getFrameConfigBuilder(FRAME_CONFIG_PICTURE);
        // 配置中添加拍照画布
         framePictureConfigBuilder.addSurface(imageReceiver.
getRecevingSurface());
        // 获取拍照配置
        FrameConfig pictureFrameConfig = framePictureConfigBuilder.build();
        // 传入配置,启动单帧捕获(拍照)
        cameraDevice.triggerSingleCapture(pictureFrameConfig);
    }

    private void takeMultiCapture(Component component) {
        // 获取拍照配置模板
        FrameConfig.Builder framePictureConfigBuilder = cameraDevice.
getFrameConfigBuilder(FRAME_CONFIG_PICTURE);
```

```
    // 配置中添加拍照画布
    framePictureConfigBuilder.addSurface(imageReceiver.
getRecevingSurface());
    // 创建一个拍照设置列表
    List<FrameConfig> frameConfigs = new ArrayList<>();
    // 往列表添加 2 个设置
    FrameConfig firstFrameConfig = framePictureConfigBuilder.
build();
    frameConfigs.add(firstFrameConfig);
    FrameConfig secondFrameConfig = framePictureConfigBuilder.
build();
    frameConfigs.add(secondFrameConfig);
    // 传入配置列表，启动多帧捕获（连拍）
    cameraDevice.triggerMultiCapture(frameConfigs);
}
```

14.2.7　实现切换镜头

如今的智能手机基本都有前置摄像头和后置摄像头，单击切换按钮，会调用 switchCamera( ) 函数，实现切换摄像头的功能，代码如下：

```
private void switchCamera(Component component) {
    // 将 isFrontCamera 属性值反转，如果原来是 true，变为 false；如果原来
是 false，变为 true
    isFrontCamera = !isFrontCamera;
    // 如果相机对象不为空，关闭相机，释放资源
    if (cameraDevice != null) {
        cameraDevice.release();
    }
    // 将按钮组件设为不可见
    updateComponentVisible(false);
    // 重写创建并打开相机，因为 isFrontCamera 属性值反转了，这时会打开另一
个相机
    openCamera();
}
```

14.2.8 实现摄像功能

摄像功能是在 VideoRecordSlice 类中实现的。这个类中关于创建、配置、切换相机等功能与 TakePhotoSlice 类中的实现基本一样，这里就不再赘述了。本节主要讲解有关摄像功能的实现，首先在初始化组件的函数中获取摄像按钮的引用，并为之设置监听事件，代码如下：

```java
// 用于标识是否摄像中的属性
private boolean isRecording;

private void initComponents() {
    ...
    // 获取摄像按钮的引用
    Image videoRecord = (Image) findComponentById(ResourceTable.Id_tack_picture_btn);
    ...
    // 为摄像按钮设置长按监视事件，用于启动摄像
    videoRecord.setLongClickedListener(component -> {
        // 调用 startRecord() 函数开始摄像
        startRecord();
        // 将 isRecording 属性设为真
        isRecording = true;
        // 改变摄像按钮的背景图像，表示正在摄像中
        videoRecord.setPixelMap(ResourceTable.Media_ic_camera_video_press);
    });
    // 为摄像按钮设置触碰监视事件，用于停止摄像
    videoRecord.setTouchEventListener((component, touchEvent) -> {
        // 如果触碰事件不为空，并且触碰的手指已从屏幕抬起（这是 PRIMARY_POINT_UP 的含义），并且 isRecording 属性为真
        if (touchEvent != null && touchEvent.getAction() == TouchEvent.PRIMARY_POINT_UP && isRecording) {
            / 调用 stopRecord() 函数停止摄像
            stopRecord();
            // 将 isRecording 属性设为假
            isRecording = false;
```

```
                // 改变摄像按钮的背景图像,表示已停止摄像
                videoRecord.setPixelMap(ResourceTable.Media_ic_camera_video_ready);
            }
            return true;
        });
    }
```

长按摄像按钮,触发 startRecord( ) 函数开启摄像,在摄像前还需要进行音视频模块的配置,代码如下:

```
// 音视频模块做一些初始化配置
private void initMediaRecorder() {
    // 创建摄像操作对象
    mediaRecorder = new Recorder();
    // 创建视频属性构造器
    VideoProperty.Builder videoPropertyBuilder = new VideoProperty.Builder();
    // 设置录制比特率为 10000000
    videoPropertyBuilder.setRecorderBitRate(10000000);
    // 设置摄像方向为 90 度
    videoPropertyBuilder.setRecorderDegrees(90);
    // 设置录制采样率为 30
    videoPropertyBuilder.setRecorderFps(30);
    // 设置摄像支持的分辨率,需保证 width(宽)大于 height(高)
    videoPropertyBuilder.setRecorderHeight(Math.min(1440, 720));
    videoPropertyBuilder.setRecorderWidth(Math.max(1440, 720));
    // 设置视频编码方式为 H264
    videoPropertyBuilder.setRecorderVideoEncoder(Recorder.VideoEncoder.H264);
    // 设置录制帧率为 30
    videoPropertyBuilder.setRecorderRate(30);

    // 创建音视频源
    Source source = new Source();
    // 设置录制音频源为麦克风
    source.setRecorderAudioSource(Recorder.AudioSource.MIC);
```

```
        // 设置视频窗口为画布
        source.setRecorderVideoSource(Recorder.VideoSource.SURFACE);
        // 设置音视频源
        mediaRecorder.setSource(source);
        // 设置音视频输出格式为MPEG_4
        mediaRecorder.setOutputFormat(Recorder.OutputFormat.MPEG_4);
        // 创建摄像文件对象,文件名与系统时间戳相关
        File file = new File(getFilesDir(), "VID_" + System.currentTimeMillis() + ".mp4");
        // 创建音视频存储属性构造器
        StorageProperty.Builder storagePropertyBuilder = new StorageProperty.Builder();
        // 设置存储音视频文件名
        storagePropertyBuilder.setRecorderFile(file);
        // 设置存储属性
        mediaRecorder.setStorageProperty(storagePropertyBuilder.build());

        // 创建音频属性构造器
        AudioProperty.Builder audioPropertyBuilder = new AudioProperty.Builder();
        // 设置音频编码格式为ACC
        audioPropertyBuilder.setRecorderAudioEncoder(Recorder.AudioEncoder.AAC);
        // 设置音频属性
        mediaRecorder.setAudioProperty(audioPropertyBuilder.build());
        // 设置视频属性
        mediaRecorder.setVideoProperty(videoPropertyBuilder.build());
        // 准备录制
        mediaRecorder.prepare();
    }
```

开启摄像的代码如下:

```
    private void startRecord() {
        // 如果相机对象为空,则在日志中打印错误信息,然后直接返回
        if (cameraDevice == null) {
            HiLog.error(LABEL_LOG, "%{public}s", "startRecord failed, parameters is illegal");
```

```
            return;
        }
        // 加锁，确保线程安全
        synchronized (lock) {
            // 调用 initMediaRecorder() 函数进行音视频模块的配置
            initMediaRecorder();
            // 获取摄像的画布
            recorderSurface = mediaRecorder.getVideoSurface();
            // 获取摄像配置模板
            cameraConfigBuilder = cameraDevice.getCameraConfigBuilder();
            try {
                // 配置中添加预览画布
                cameraConfigBuilder.addSurface(previewSurface);
                // 如果摄像画布不为空，将摄像画布加入摄像配置模板
                if (recorderSurface != null) {
                    cameraConfigBuilder.addSurface(recorderSurface);
                }
                // 配置相机，成功后会回调 CameraStateCallback 的
onConfigured() 函数
                cameraDevice.configure(cameraConfigBuilder.build());
                // 异常处理，日志打印错误信息
            } catch (IllegalStateException | 
IllegalArgumentException e) {
                HiLog.error(LABEL_LOG, "%{public}s", "startRecord 
IllegalStateException | IllegalArgumentException");
            }
        }
        // 弹出一个"Recording"提示，表示正在摄像中
        new ToastDialog(this).setText("Recording").show();
    }

    private class CameraStateCallbackImpl extends CameraStateCallback {
        ...
        @Override
        public void onConfigured(Camera camera) {
            // 获取预览配置模板
```

```
            FrameConfig.Builder frameConfigBuilder = camera.
getFrameConfigBuilder(FRAME_CONFIG_PREVIEW);
        // 配置中添加预览画布
        frameConfigBuilder.addSurface(previewSurface);
        // 如果isRecording属性为真并且摄像画布不为空,配置摄像画布
        if (isRecording && recorderSurface != null) {
            frameConfigBuilder.addSurface(recorderSurface);
        }
        // 启动循环帧捕获,用于预览和摄像
            camera.triggerLoopingCapture(frameConfigBuilder.build());
        // 如果isRecording属性为真,提交一个开启摄像操作的任务
        if (isRecording) {
            eventHandler.postTask(() -> mediaRecorder.start());
        }
    }
}
```

摄像过程中,触碰摄像按钮会触发 stopRecord() 函数停止摄像,代码如下:

```
private void stopRecord() {
    // 加锁,保证线程安全
    synchronized (lock) {
        try {
            // 提交一个让摄像操作停止的任务
            eventHandler.postTask(() -> mediaRecorder.stop());
            // 如果相机对象为空或者相机对象的配置对象为空,则在日志中打印错误信息,然后直接返回
            if (cameraDevice == null || cameraDevice.getCameraConfigBuilder() == null) {
                HiLog.error(LABEL_LOG, "%{public}s", "StopRecord cameraDevice or getCameraConfigBuilder is null");
                return;
            }
            // 获取摄像配置模板
            cameraConfigBuilder = cameraDevice.getCameraConfigBuilder();
            // 配置中添加预览画布
```

```
            cameraConfigBuilder.addSurface(previewSurface);
            // 配置中去除摄像画布
            cameraConfigBuilder.removeSurface(recorderSurface);
                // 配置相机，成功后会回调 CameraStateCallback 的
onConfigured() 函数
            cameraDevice.configure(cameraConfigBuilder.build());
    // 异常处理，日志打印错误信息
            } catch (IllegalStateException |
IllegalArgumentException exception) {
                HiLog.error(LABEL_LOG, "%{public}s", "stopRecord
occur exception");
            }
        }
        // 弹出一个"video saved"提示，表示摄像已保存
        new ToastDialog(this).setText("video saved").show();
    }
```

14.3 小结

本章介绍了鸿蒙的多媒体开发，主要以一个相机开发的案例进行了讲解，通过调用鸿蒙系统提供的一系列 API 函数，访问和操作相机设备并开发了预览、拍照、连拍、切换镜头、摄像等功能。除了相机模块，鸿蒙多媒体模块还包括音频、图像、视频等，由于篇幅有限，这里并没有一一讲解。不过多媒体开发的步骤都有一定相似性，掌握相机开发后，可自行参考官网文档，学习其他模块的开发。

第 15 章
鸿蒙系统的设计规范

一套好的设计规范是应用独特于竞争对手的有力武器，是体现产品竞争力的重要手段。近年来，由于市场需求的增多，大批从业者涌入智能应用开发的队伍中，但也产生了众多问题，粗制滥造的程序比比皆是。设计规范，以及缺乏设计规范的系统，都是智能应用开发的难题。在万物互联的时代，我们会接触不同形态的众多设备，不同设备下，如何设计程序是产品经理、UX 设计师、程序员面临的重大问题。本章主要讲解鸿蒙系统的一些约定设计规范，提供给从业者参考。通过本章的学习，相信你能够更好地理解鸿蒙系统的设计规范，并在项目团队的沟通中游刃有余，理解项目团队参与各方（产品经理、UX 设计师、程序员、QA）的工作规范、协同机制，创造出更好的产品。

15.1 设计规范概述

万物互联是鸿蒙系统的核心，鸿蒙系统的设计规范是为了让万物互联更加简单、更加灵活、更加安全。鸿蒙的设计理念是同一套系统承载多套硬件设备，支持手机、平板电脑、计算机、智慧屏、穿戴设备、手表、音响、汽车、AR/VR 设备等。不同设备由于屏幕、硬件等资源的不同，导致 UX 设计师需要针对不同的终端设计不同的应用，但殊途同归，最终都是为了能更好地满足用户的需求。

设计师为不同终端开发鸿蒙 App，相比 Android、iOS 有更大的难度。因为后者设备的多样性和鸿蒙系统不是一个量级的。我们应从以下三个方面来考虑 UX 设计的问题：

- 一致性：求同存异，是继承过去优良设计思想的重要路径。设计师需要考虑不同设备的共性，使用一套通用性的设计理念来服务设备的差异性以及一致性。一致性能让用户减少上手难度，降低学习成本，同时能让用户拥有更多的品牌认同感。就像一件商品，经常更改其外观设计，就会让用户对品牌的认同感降低。
- 差异性：不同设备之间有很多不同，设计师、程序员需要了解屏幕的尺寸、交互方式、使用场景、用户画像等。针对设备的差异性来进行设计，体现设备差异性带来的体验自然感。不同公司应该有自己针对设计的规范，如手机应用设计规范、平板电脑设计规范、智慧屏设计规范、智能手表设计规范等。
- 协同性：分布式协同是鸿蒙系统非常重要的特征，其让设备之间的通信交互变得异常简单。所以设计师、程序员在设计应用时，需要考虑多个设备之间的有效协同，了解设备之间的各种协同方式，如分布式存储、分布式应用跨屏操作等。只有这样，才能设计出新型的应用程序。

15.2 应用的导航设计原则

导航是应用程序中经常使用的组件，它的作用是在各个子页面之间进行跳转。一个优秀的导航，能让浏览器知道自己在哪里，处在应用程序的什么位置，自己要去哪里发现信息，自己要退回哪里继续操作。很多应用程序使用起来非常困难，就是因为没有重视导航的设计，导致信息结构混乱。

解决信息结构混乱的方法是设置必要的导航系统。一个应用中一般有三种导航系统，分别是平级导航、层级导航、混合导航。

平级导航表示在一个页面中信息的重要性是一样的，层次性没有递进关系。我们一般使用 Tab 组件在平级导航中自由移动。这种导航，比较适合于同等地位的信息展示，信息与信息之间没有大小、优先、重要程度之分。平级导航关系如图 15-1 所示。

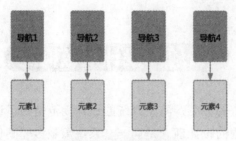

图 15-1　平级导航关系

平级导航的常见效果如图 15-2 所示。

图 15-2　平级导航示例图

层级导航用来组织父页面与子页面的关系。父页面可以有一个或多个子页面，每个子页面只能返回到一个父页面。这种导航的路线比较清晰，是一种层次递进的关系。例如，Windows 系统中的文件夹就是层次导航，一个父目录中有多个子文件或目录，一个子文件属于一个父目录，通过这种依属关系能非常清晰方便地定位文件所在位置。层级导航关系如图 15-3 所示。

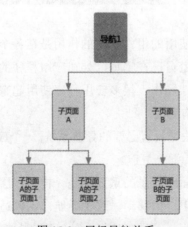

图 15-3　层级导航关系

混合导航就是既包含平级导航，也包含层级导航。现实世界是复杂的，应用程序也是复杂的，单纯的某一种导航不能满足纷繁的数据信息的展示，混合导航刚好能解决一些问题。混合导航关系如图15-4所示。

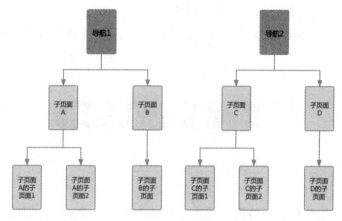

图 15-4　混合导航关系

15.3　人机交互

人机交互知识是程序员和设计师沟通的时候，能够准确理解设计师意图的一种非常重要的知识。由于鸿蒙系统能运行在不同的设备上，所以人机交互的难度就成倍增加了。智能手机、平板电脑、计算机、智能穿戴、电视、车机等设备交互方式已不太一样，这需要设计师、程序员根据用户界面设计不同的交互方式，以便用户习惯地、舒适地与设备交互。

鸿蒙系统在用户交互上做了很多总结和创新，会根据用户的展台，提供符合当前场景的交互模式，使用户在使用各种鸿蒙设备时，不至于突兀，保持一致性，就像苹果一样，对用户快速上手系统有着非常重要的帮助。例如在平板电脑上，用户可以长按屏幕来打开上下文菜单。而在鸿蒙系统上，用户可以通过鼠标右键来打开上下文菜单。

随着输入设备的增多，设计师、程序员需要考虑越来越多的输入方式，例如通过鼠标、触摸板、键盘、表盘、遥控器、游戏手柄、车载旋钮、AR设备、手写笔、语音设备等输入。这些录入方式，都会涉及很多理论，值得设计师学习。常见交互的方式如下：

- 单击：用户单击某个组件触发相应功能。
- 长按：用户长按某个组件触发相应功能。例如长按显示上下文菜单、长按提示删除、长按识别文字内容等。
- 滑动：用户通过滑动屏幕来滚动相应的界面。例如查看相册、刷抖音。
- 拖动：用户将组件从一个位置移动到另外一个位置。例如很多游戏就是采用拖动来交互的。
- 双击：用户快速单击两下以放大/缩小内容、选择文字或触发特定的功能。

- 捏合：用户用两根或多根手指向外扩展或向内缩小，以控制一些如放大、缩小的交互效果。
- 敲击：用户用手指关节敲击组件触发相应功能。
- 重按：用户用力按屏幕以激活特殊功能。
- 隔空手势：在屏幕前挥动手势。目前很多抽油烟机都开始支持通过手势开关抽油烟机。

15.4 分布式设计原则

鸿蒙系统为分布式而生，是面向未来的新一代分布式操作系统，全面体现万物互联给人们生活带来的便利。针对分布式应用的搭建，需要注意极速连接、多端协同、资源共享、设备兼容、流畅体验等标准，避免分布式给用户造成麻烦，要让用户感觉到分布式带来的自然的便利。

在分布式设计原则中，分布式流转是一个需要重点关注的设计点。分布式流转包括跨端迁移体验和多端协同体验。

- 跨端迁移是指当用户在一个设备上发起操作，并切换到另一个设备上继续操作时，用户能够马上在新的设备上继续当前的操作。同一时刻，用户只在一个设备上操作，例如智能音响和手机的喇叭，同一时刻只能一个工作，用户可以将声音流转到音响上去播放，而暂停手机上的喇叭。
- 多端协同是指多个设备上的软件和硬件能力相互协同，作为一个整体为用户提供比单设备更加高效、沉浸的体验。这种协同方式能让1+1大于2。例如电视显示实况足球游戏，手机充当手柄，两台设备协同工作。

分布式应用的流转无论是对于设计师还是研发人员都是新的课题，需要精心打造跨端迁移和多端协同设计的细节，注重观察用户的使用感受，才能设计出优秀的分布式应用。

对于设计师、程序员来说，要思考过去无法实现的场景。过去由于操作系统的限制要实现跨端的分布式应用，往往需要通过WiFi网络，开发成本非常高，很多功能无法实现。然而借助鸿蒙系统原生支持的分布式特性，就能实现很多过去无法实现的场景，例如：

在沙发上用手机编辑邮件，回到家用计算机编辑邮件，处理工作分布式，在不通设备间快速随意切换。目前的Android系统好像也能解决，例如在Android系统上编辑邮件，回家后，打开计算机的草稿箱继续编辑。但是原理不一样，目前的方式，还需要登录邮件客户端，打开邮件、保存等。在鸿蒙系统中，只要回到家，单击手机上的一个迁移按钮，计算机上就会自动出现刚才编辑的邮件，邮件草稿没有传到服务器上，完全是设备与设备之间透明通信，没有烦琐的步骤。

又如，在家里电视上看电影，要下楼去坐一会儿，这时候刚才看的电影就会被流转到手机上，且进度和电视中的进度保持一致。这种自然的交互，目前还没有应用实现，但是通过鸿蒙分布式应用程序却能够非常容易实现。

除了应用流转，还有多端协同模式，这种模式运行几台设备协同工作，协同模式能调用不同设备的不同硬件，例如显示能力、摄像能力、音频输入能力、音频输出能力、交互能力、传感器能力等。

调用显示能力对应显示协同，显示协同是多端协同的常见场景。根据应用界面的构成，显示协同有两种常用模式，如图 15-5 所示。

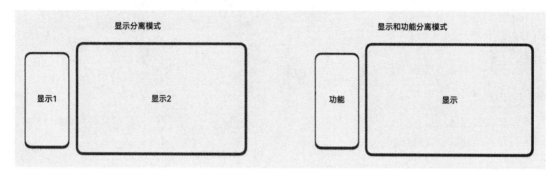

图 15-5　显示协同常用模式

显示分离模式是指把一个设备上的一个界面或多个界面中的内容分拆到多个设备上同时显示，达到更有效利用显示空间的作用。这有点类似于程序员桌子前的多个显示器，代码编辑器多开场景。例如，我们可以在计算机上编写布局页面，然后快速地在手机上实时展示页面效果。

显示和功能分离模式是指把一个设备上的一个编辑类界面中显示和功能操作的部分分拆到多个设备上同时显示，这样可以有效利用显示空间，提高交互效率。例如，文档编辑应用的文档内容和周边工具菜单可以分别显示在智慧屏和手机上，在手机上快速操作编辑菜单，在智慧屏上更清晰地查看编辑的效果。

同样地，摄像能力对应摄像协同。例如，可以把监控摄像头实时调度到手机中的监控程序上来。又如，可以把多台设备组网，将所有摄像头的视频流发送到智慧屏中显示。以前需要在每个设备中都装上相应的程序，进行复杂的网络编程，视频流压缩传输；然而有了鸿蒙分布式应用 SDK 提供的协同能力，实现这些功能仅仅只需要非常少的代码。这些功能为产品经理、设计师提供了众多的想象空间，值得深挖。

15.5　小结

本章作为本书的最后一章，讲解了一些系统设计规范，主要是为了产品经理、设计师、程序员之间能够顺畅地沟通。我们要清楚，一项新的技术并不是一蹴而就的，需要大多数人熟练掌握，才能应用得好。平时进行产品设计、产品研发时，很容易因为各个角色的知识结构不一致，导致很多交流上的障碍。所以，鸿蒙开发工程师，需要理解这些障碍，并不断在实践中传播这些新知识、新理念，最终才能让整个团队处在一个频道上，减少理念冲突，从而引导团队设计出用户真正需要的产品。